# 수연이네 삼 형제<br>완밥 레시피

한 번에 만들어 온 가족이 함께 먹는

# 수연이네 삼 형제 완밥 레시피

유수연 지음

21세기북스

❖ ❖ ❖

# 매일의 행복을
# 놓치지 않기 위해

# 온 가족이
# 함께 식사해요

❖ ❖ ❖

저희 부부는 연애 시절부터 맛집 찾아다니기가 취미일 만큼, 맛있는
음식이 삶의 중요한 요소였어요. 그런데 결혼 후 아이 셋을 낳고
기르다 보니 아이들 밥과 어른 밥을 따로 먹으며 점차 식사에
소홀하게 되었어요. 여느 엄마 아빠처럼 아이들 식사는 성장기에
맞춰 꼭 필요한 영양 성분과 입맛까지 고려해 정성껏 챙겼지만,
정작 저와 남편은 아들 셋 육아에 지친 나머지
배달 음식으로 끼니를 해결했죠.

그렇게 하루에 한 끼조차 온 가족이 한 번에 해결하지 못하다 보니
식사 시간이 너무 힘들었어요. 밥을 먹지 않겠다는 아이들과
매일 실랑이를 벌이며 겨우 밥을 먹이는 상황이 반복됐고,
아이들은 물론이고 저희 부부도 스트레스가 이만저만이 아니었어요.
삼 형제를 재우고 난 뒤, 마침내 '육퇴'를 한 후에야 남편과 저는
맵고 짜고 자극적인 배달 음식으로 그날의 스트레스를 해소하는
악순환이 반복되었습니다.

그러던 어느 날, 보다 못한 남편이 아이들 밥을 같이 먹겠다고
제안했고, 저 또한 고민 끝에 과감히 결심했어요.

"우리 가족,
이제 하루에 한 끼는 꼭 같이 먹는 거야!"

저녁 식사를 함께하기엔 아이들이 일찍 잠자리에 드니 먼저 아침부터 다 같이 먹기로 했어요.

하지만 처음부터 모두가 밥을 잘 먹었던 건 아니예요. 우선 남편조차도 오랫동안 아침을 먹지 않고 출근하는 습관이 몸에 익었던 터라 처음에는 많이 부담스러워했어요. 그래도 매일 메뉴를 바꿔 가며 온 가족이 함께 식사하는 시간이 한 달, 두 달 차곡차곡 쌓였고, 고통스럽던 식사 시간이 점차 가족의 행복한 시간으로 변화했어요. 밥을 먹지 않겠다고 떼를 쓰는 아이들의 칭얼거림과 그런 아이들을 어르고 달래던 저희 부부의 목소리가 어느새 "하하" "호호" "깔깔" 웃음소리로 변해 식탁을 가득 채우고 있더라고요. 식탁에서 이루어진 이 작은 변화가 우리 가족을 더 행복하게 만들어 주었음은 물론이고요. 온 가족이 맛있는 한 끼를 나누는 시간을 시작으로 이제는 하루 세 끼를 함께하는 것이 평범한 일상이 된 지금, 내일은 또 어떤 음식이 우리를 행복하게 할지 하루하루가 설레고 기대됩니다.

그리고 한 가지 기쁜 소식을 전하자면, 2024년 가을 넷째 아이가 태어났어요. 세 오빠의 사랑을 넘치게 받고 자랄 예쁜 공주님이에요. 아이 넷을 키우는 건 분명 쉽지 않은 일일 거예요. 육아에 쉬는 날이란 없으니까요. 집안일과 요리, 육아까지 마치고 나면 녹초가 되어서 전부 나 몰라라 하며 푹 자고만 싶지만, 그럴 때마다 아이들이 너무나 예쁜 말을 해 줘요. 그중에 기억에 남는 한마디가 있어요.

## “엄마를 만나서 너무 행복해.”

사랑하는 아이들이 이런 말을 해 주면 아무리 힘들어도 금세 기운을 차려 다시 움직일 수 있는 원동력이 됩니다.

인스타그램에 일상을 공유하기 시작한 후 많은 분이 아이들의 식습관을 칭찬해 주시고, 삼 형제 육아에 귀 기울여 주고 계세요. 이전에는 나의 육아 방식이 괜찮은지 의문을 가진 채 육아를 했었다면, 이제는 여러분의 응원과 사랑 덕분에 조금 더 자신감을 가지고 아이들을 키우게 됐어요. 저희 가족을 성원해 주시는 많은 분들에게 이 기회를 통해 감사의 인사를 전하고 싶습니다.
그 고마운 애정과 관심에 조금이나마 보답하고자 그리고 우리 가족을 더욱 행복하게 만들었던 ‘가족 식사’의 기쁨을 함께 나누고자 식탁 위에 올라왔던 메뉴를 소개하는 책을 쓰게 되었어요. 매일 아이들과 식사 전쟁을 벌이느라 지친 대한민국 엄마 아빠를 응원하는 마음, 오늘은 엄마 아빠가 어떤 요리를 만들어 줄까 초롱초롱한 눈망울로 기대하고 있을 우리 아이들을 아끼는 마음을 이 책 한 장 한 장에 담았습니다.

첫 장은 인스타그램에서 많은 분에게 사랑받는 메뉴를 모았고, 두 번째 장은 만들기도 편하고 아이들도 잘 먹는 한 그릇 밥 요리를 소개했어요. 세 번째 장은 볶고 조리고 굽는 등 재료를 한데 모아 맛깔스럽게 요리한 일품 요리, 네 번째 장은 따끈하게 혹은 차갑게 먹을 수 있는 국물 요리, 마지막 장은 제가 자주 해 먹는 조금은 특별한 요리를 담았습니다. 온 가족이 좋아해서 식탁에 여러 번 올라왔고 후기가 많은 요리들이니 여러분도 만족하실 거라 생각해요. 한두 번 만들다 보면 제가 사용한 재료 외에도 냉장고에 있는 다양한 재료를 활용해 여러분만의 완밥 레시피를 완성할 수 있을 거예요.

가끔 힘들고 지친 날이 있을 테지만, 그런 날일수록 가족들과 따뜻한 밥 한 끼를 나누어 보세요. 순간의 행복이 모여 다시 내일을 살아갈 힘이 될 테니까요.

2024년 12월

유수연

# Contents

온 가족이 좋아하는
## 수연이네 SNS 인기 메뉴

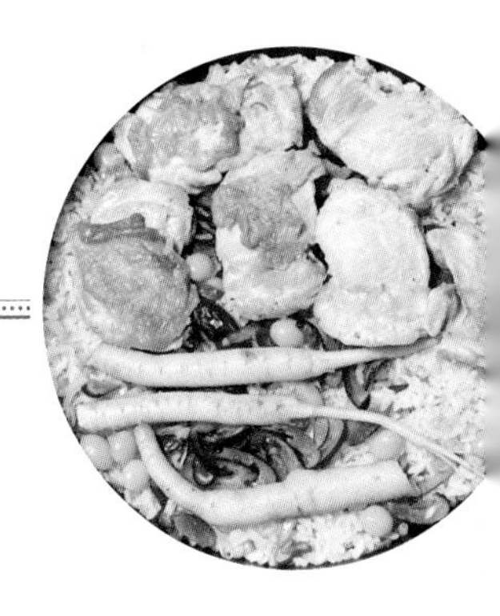

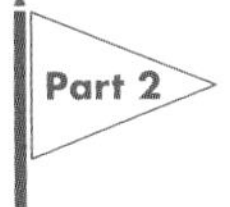


간편하게 즐기는

## 한 그릇 뚝딱 밥상

식탁이 푸짐해지는

## 찜&조림, 구이&볶음

엄마의 사랑이 듬뿍 담긴

## 후루룩 국물 요리

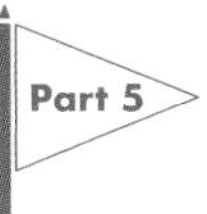


수연이네만의 특별식

## 이색 밥상

# 일러두기 & 계량하기

**모든 요리는 5인분 기준**

모든 메뉴는 어른 2명과 3살, 4살, 5살, 아이 3명이 함께 먹는 5인분 기준이니 가족 구성원에 따라 재료의 양을 가감하여 요리해요.

**103가지 다양한 요리**

밥/면/빵/국물/구이/볶음/찜/조림/별미까지 취향에 따라 골라 드세요.

**알아 두면 쓸모 있는 요리 이야기**

메뉴에 얽힌 이야기와 기본 정보는 요리하기 전에 읽어 두면 유용해요.

밥

시판 토마토소스는 주로 파스타나 피자를 만들 때 쓰셨죠? 이제부터는 덮밥 소스에도 활용해 보세요. 토마토소스는 의외로 밥과도 궁합이 좋아 감칠맛 나는 덮밥을 만들 수 있어요. 저는 오리고기를 더했으니 맛이 없을 수가 없겠죠? 오리고기가 없다면 닭고기 등 다른 재료를 넣어도 괜찮아요. 이국적이면서 풍부한 맛이 좋아 어른도 아이도 모두 잘 먹어요. 어른은 꼭 청양고추를 넣어서 매콤한 맛도 함께 즐겨요.

**모든 계량은 계량스푼과 계량컵 사용**

모든 계량은 계량스푼과 계량컵을 사용했어요. 계량스푼은 1큰술=15ml/g, 1/2큰술=7ml/7~8g, 계량컵은 1컵=200ml/g예요.

**레시피 속 간장은 진간장, 설탕은 마스코바도 설탕**

간장은 진간장, 설탕은 정제하지 않은 건강한 마스코바도 설탕, 들깻가루는 껍질을 벗기지 않은 들깻가루를 사용했어요. 쯔유는 일반 쯔유와 농축 쯔유를 구분해 표기했어요.

재료
- 밥 5공기
- 생오리 슬라이스 600g
- 시판 토마토라구소스 2개 792g
- 양파 2개
- 대파 1대
- 미니새송이버섯 300g
- 깻잎 20장

양념
- 올리브유 2큰술
- 다진 마늘 1큰술
- 소금 약간
- 후춧가루 약간
- 참치액 1큰술

1 양파는 채 썰고, 대파, 버섯, 깻잎은 먹기 좋게 썰어요.

2 팬에 올리브유를 두르고 다진 마늘, 대파를 넣어 중불에서 1분간 볶다가 양파, 버섯을 넣고 1분간 볶아요.

3 오리고기, 소금, 후춧가루를 넣고 고기가 익을 때까지 볶아요.

4 라구소스, 참치액을 넣고 계속 저어가며 약불에서 5분간 뭉근하게 졸인 뒤 불을 끄고 깻잎을 섞어 잔열로 익혀요.

5 밥 위에 오리라구소스를 듬뿍 얹어 완성해요.

- 저는 '라구 올드 월드 스타일 트레디셔널 파스타소스'를 사용했어요.
- 달걀프라이를 만들어 곁들이면 잘 어울려요.
- 어른용 식사에는 청양고추 1~2개를 송송 썰어 올려요.

83 · 84

**대체 재료와 생략 재료를 표기**

재료는 주재료와 양념으로 나눠 표기했어요. 미리 버무려 밑간하거나 따로 섞어야 하는 양념장, 대체 재료나 생략 가능한 재료도 적어 두어 따라 만들기 쉬워요.

**아이에게 맞춰 간이 심심하니 기호에 따라 간 조절**

아이와 어른이 함께 먹는 음식이라 싱겁게 간했어요. 꼭 맛을 보고 기호에 맞게 간을 추가해요. 먼저 아이용 식사를 덜고 어른 입맛에 맞게 간하거나 고춧가루, 고추장, 고추 등 매콤한 양념을 첨가해요.

**음식을 더 맛있게 하는 꿀팁 대방출**

요리에 사용한 시판 재료의 상표와 과정별 세세한 조리팁, 아이 식사와 어른 식사에 추가하는 재료나 양념을 체크해서 더 맛있게 식사하세요.

# 아이 식사 & 어른 식사
# 함께 준비하기

처음에는 어른 밥과 아이 밥을 따로 준비하느라 끼니를 챙기는 일이 여간 힘든 게 아니었어요. 그러던 어느 날 남편이 아이들과 함께 유아식을 먹겠다고 제안했어요. 조금 싱거워도 김치와 함께 먹으면 된다고 양보한 덕분에 어른과 아이 모두 서로 입맛을 맞추는 시간을 가지며 서서히 함께 먹는 식탁을 꾸리게 되었어요. 조금은 빠르게, 온 가족 식사를 시작하면서 느꼈던 장점과 주의점을 공유하니 여러분도 도전해 보시길 바라요.

## 이런 점이 좋아요!

### ① 조리 시간을 2배 이상 단축할 수 있어요

아이와 어른 식사를 한 번에 만들어서 가장 좋은 점은 시간을 절약할 수 있다는 거예요. 어른 반찬 따로, 아이 반찬 따로 할 것 없이 메뉴를 정한 후 아이가 먹을 수 있게 재료나 양념만 변형하면 가족 식사가 완성돼요. 저는 빠르고 간편하게 만들 수 있는 한 그릇 요리를 자주 하는데, 밥이나 면 위에 맛있는 재료를 한꺼번에 얹어 주니 남기는 것 없이 더 푸짐하게 즐길 수 있어요.

### ② 아이가 편식 없이 골고루 잘 먹어요

어찌 보면 아이 밥 같기도 하고 어른 밥 같기도 한 메뉴를 아이들이 처음부터 잘 먹지는 않았어요. 아빠가 같은 메뉴를 맛있게 먹는 걸 보더니 아이들도 점차 아빠를 따라서 잘 먹게 되었어요. 웬만하면 냉장고에 있는 재료를 활용해서 매일 다른 재료로 새로운 요리를 하는 편인데, 그 때문인지 아이들도 새로운 식재료에 거부감이 없어지더라고요. 오늘은 닭고기와 양파를 사용했으면 내일은 오징어와 당근을, 다음날은 돼지고기와 양배추, 가지를 넣는 식으로 재료를 골고루 바꿔가며 요리해요.

### ③ 온 가족이 맛있는 음식과 함께 추억을 쌓아요

아이 밥을 따로 만들다 보면 아이 밥을 챙기느라 엄마 아빠는 뒤늦게 식사하는 경우가 많아요. 하지만 어른과 아이가 함께 먹는 가족 식사를 만들면 식탁에 다 같이 둘러앉아 먹을 수 있어요. 음식 맛이 어떤지, 오늘 하루는 무엇을 할 것인지 서로서로 이야기하며 식사하다 보면 단순히 끼니를 때우는 게 아니라 매일 추억을 공유하는, 즐겁고 행복한 시간으로 가득 채워져요.

## 이런 점을 주의해요!

### ① 짜지 않게 간해요

아무래도 현재 3살인 막내 식사에 맞추다 보니 간을 싱겁게 하게 돼요. 너무 짜면 아이 몸에 부담이 갈 수 있거든요. 어른에게 부족한 간은 나중에 추가하면 되니 무조건 아이에게 맞춰 심심하게 간해요. 아이 식사를 덜어 주고 어른은 중간중간 소금이나 새우젓 등으로 간을 맞춰요.

### ② 매운 양념을 사용하지 않아요

아이들은 아직 매운 음식을 잘 먹지 못해요. 엄마 아빠가 매운 음식이 당긴다면 아이 식사를 덜어 준 뒤에 고춧가루나 고추장, 고추 등 매운 재료나 양념을 추가해요.

**③ 성장기 아이에게 필요한 단백질과 채소류를 사용해요**

삼 형제는 영양제를 따로 먹지 않아요. 그 대신 하루 세 끼의 식사로 필요한 영양소를 골고루 채우려고 노력해요. 그래서 끼니마다 고기나 생선, 해산물, 달걀, 두부 등 단백질 재료를 꼭 추가하고, 오이, 당근, 양배추, 콩나물, 깻잎 등 채소류도 한 가지 이상 사용해요. 밥을 다 차린 후 참기름이나 참깨를 뿌리기도 하고, 요리에 들깻가루도 자주 사용해요.

# 수연이네 완밥식의 식재료 & 양념

수연이네 식탁에 자주 오르는 식재료와
저만의 레시피를 만드는 데 일등공신이 되어 준 다양한 양념 재료를 소개합니다.

## 두부

고단백 식품인 두부는 우리 집 냉장고에 없어서는 안 될 단골 식재료예요. 부드럽고 고소한 맛이 좋아 아이들이 잘 먹고, 단백질뿐만 아니라 칼슘, 철분, 비타민 B가 풍부해 다양한 영양소를 보충할 수 있어요. 저는 국물이나 볶음, 조림뿐만 아니라 햄버그스테이크같이 다른 재료와 함께 으깨어 반죽하는 음식에도 자주 활용해요. 반찬이 없을 때도 두부만 있으면 어떠한 요리든 뚝딱 만들 수 있으니 대한민국 가정의 효자 반찬이라고 할 수 있겠죠? 연두부, 순두부, 부침용과 찌개용까지 요리에 따라 선택할 수 있는 점, 저칼로리에 포만감이 크다는 점도 무척 마음에 들어요.

## 간장

저는 간장이 필요한 음식에는 주로 진간장을 사용해요. 온 가족이 매일 먹는 밥상이니 양념도 국내산 재료로 만든 제품을 선호하는데, 주로 순창성가정식품의 '담가 우리콩 진간장'을 애용해요. 많이 짜지 않아서 모든 요리에 잘 어울려요. 국물 요리에 넣는 국간장은 '언양메주 국간장'을 사용합니다.

## 대파

대파는 특유의 향과 맛으로 요리에 풍미를 더해요. 특히 저는 일주일에 대파 두 단을 먹을 정도로 음식에 대파를 자주 사용해요. 흰 부분은 단맛이 강하고 부드러워 볶음이나 국물 요리에 적합하고, 초록 부분은 향이 진해 고명이나 음식의 마지막에 넣으면 좋아요. 저는 흰 부분, 초록 부분 크게 상관하지 않고 두루두루 사용하는 편이에요. 특히 국물 요리를 할 때 대파를 얇게 채 썰어 볶은 후 육수를 부으면 국물에 진한 파 향이 어우러져 감칠맛이 살아나요. 대파는 비타민 C, K, 식이섬유가 풍부해 면역력 강화와 소화 촉진에 도움이 되니 다양한 요리에 넣어 드세요.

## 달걀

달걀이 없다면 우리 식탁은 얼마나 심심할까요? 삶아서 그냥 먹어도 되고 샌드위치를 만들 수도 있고, 달걀프라이나 달걀찜을 만들기도 하고, 채소와 함께 볶아 스크램블드에그를 만들거나 달걀국을 만들 수도 있어요. 그만큼 달걀 요리는 무궁무진하죠. 달걀에는 비타민 A, D, B12뿐만 아니라 단백질과 필수 아미노산이 풍부해 반찬이 없을 때 단백질 재료로 활용하기에도 좋아요. 저는 덮밥이나 볶음밥 등 한 그릇 음식을 만들 때 달걀프라이 하나를 토핑으로 톡 얹어 내는 걸 좋아해요.

## 스파게티 & 소면

매일 밥만 먹으면 재미없으니까 면 요리도 먹어 줘야죠. 우리 집 식구들은 면 요리를 좋아해서 칼국수, 파스타, 멸치국수 등 다양한 면 요리를 자주 해 먹어요. 특히 파스타나 소면은 유통기한이 길고 실온 보관할 수 있어 꼭 구비해 둬요. 파스타는 주로 기본 스파게티 면을 즐겨 사용하는데, 시판 토마토소스와 함께 볶으면 새콤하고 맛있는 토마토파스타가 되고, 때로는 채소를 넣고 간장으로 양념해 동양풍으로 먹기도 해요. 소면은 두말하면 잔소리죠. 삶는 시간이 짧아 음식을 빠르게 만들 수 있는 데다 따뜻한 국수, 냉국수, 비빔국수 등 원하는 대로 요리할 수 있어요. 이 책에도 스파게티와 소면 요리가 많으니 온 가족이 함께 즐겨 보세요.

## 새우

새우는 식감이 탱탱하고 감칠맛이 좋은 저지방 단백질 식품이에요. 요리할 때 단백질을 빼놓지 않고 챙기는 수연이네 식탁에도 자주 올라오는 식재료 중 하나죠. 새우는 찜, 볶음, 국물 요리에도 잘 어울리고 밥이나 면 요리에 곁들이는 재료로 사용하기 좋아요. 저는 평소에 손질된 냉동 새우를 자주 사용하지만, 마트에서 새우살이나 생새우를 구입해 요리하기도 해요.

## 버섯가루

표고버섯, 느타리버섯, 양송이 등 다양한 버섯을 건조시켜 곱게 갈아 만든 버섯가루는 버섯 특유의 감칠맛을 내는 천연 조미료예요. 국물 요리나 소스의 풍미를 높이는 데 활용할 수 있어요. 고기 요리에 넣으면 감칠맛이 더해지고, 채식 요리를 할 때는 육수 대용으로도 좋아요. 버섯의 영양성분이 그대로 농축되어 있어 영양가 또한 높아요.

## 참치액

참치액은 참치를 우려 만든 액상 조미료예요. 간장보다 부드러우면서 깔끔한 맛을 내고 음식에 깊은 감칠맛과 풍미를 더하는 역할을 해요. 저는 국, 찌개, 볶음, 조림 등 다양한 요리에 사용해요. 단, 소량으로도 강한 맛과 향을 내기 때문에 단독으로 사용하기보다 소금이나 간장 등 다른 양념과 함께 사용하길 추천해요. 육수가 없을 때나 음식 맛이 어딘가 허전할 때 살짝 추가하면 풍미가 살아나요.

## 미소된장

미소는 일본의 전통 된장으로 대두와 쌀, 보리, 혹은 콩만을 발효시켜 만든 조미료예요. 우리나라의 된장보다 덜 짜고 더 부드러운 맛이 특징이며, 색상도 연한 베이지색부터 진한 갈색까지 다양해요. 저는 '마루코메 쿤고시' 제품을 사용하는데, 바쁠 때 재빨리 끓일 수 있는 미소된장국에 많이 사용하고, 드레싱이나 딥소스를 만들 때도 활용해요. 특히 미소된장으로 만든 수연이표 미소소스(90쪽, 미소덮밥)는 덮밥에 얹어 먹거나 다양한 재료에 바르거나 찍어 먹으면 맛있으니 꼭 만들어 보세요. 개봉 후에는 반드시 냉장 보관하세요.

### 생강가루

생강가루는 신선한 생강을 건조시켜 곱게 갈아 만든 분말 형태의 향신료예요. 생강 특유의 매콤하고 알싸한 맛이 특징이며, 요리에 깊은 향과 풍미를 입혀 줘요. 각종 양념이나 카레, 쿠키, 차 등을 만들 때 사용할 수 있고, 일반 요리에 사용하면 개운한 향이 가미돼 조미료가 없어도 고급스러운 맛을 낼 수 있어요. 오래되면 향이 날아가니 6개월 이내에 사용하길 권해요. 저는 생강가루와 함께 일반 생강을 구비해서 기름을 내는 용도로 자주 사용해요.

### 마스코바도 설탕

마스코바도는 정제하지 않은 원당으로, 사탕수수를 최소한으로 가공해 만든 갈색 설탕이에요. 일반 설탕과 달리 진한 캐러멜 향과 은은한 단맛이 특징으로 주로 흑설탕 대용으로 사용해요. 하지만 저는 모든 요리에 일반 설탕 대신 마스코바도 설탕을 사용해요. 흑설탕을 넣은 것처럼 요리가 찐득해지거나 진한 맛이 날까 걱정할 수도 있지만, 소량만 사용하니 전혀 문제없어요. 미네랄과 영양분이 풍부하고 건강한 당이라 아이들과 함께 먹기에도 좋아요. 일반 설탕보다 입자가 크고 수분이 있어 눅눅한 편이니 보관 시에는 밀폐용기에 담아 습기를 차단해요.

### 맛술

맛술은 쌀을 발효시켜 만든 일본의 전통 조미료로 요리에 감칠맛을 더하고 재료의 잡냄새를 제거하는 술의 일종이에요. 일반 주류와 달리 소금이 첨가되어 조미료로 분류되며, 알코올 함량이 낮은 데다 조리 시 대부분의 알코올이 증발해 어린이가 먹는 요리에 사용해도 괜찮아요. 저는 주로 고기나 생선 요리의 잡냄새를 없애거나 조림이나 볶음 요리에 감칠맛을 더할 때 자주 사용해요.

### 들깻가루

제 요리에 빠질 수 없는 재료 중 하나가 들깻가루예요. 시댁에서 들깻가루를 많이 보내주시기도 하고, 제가 특히 좋아하는 재료라 즐겨 사용해요. 또한 오메가-3 지방산이 풍부해 따로 영양제를 먹지 않는 저희 아이들에게 꼭 필요한 식재료이기도 하죠. 들깻가루는 들깨를 볶은 후 껍질을 벗겨 곱게 간 거피들깻가루와 껍질을 벗기지 않고 그대로 간 일반 들깻가루가 있는데, 제가 사용한 들깻가루는 모두 일반 들깻가루예요. 들깻가루는 국물 요리에 넣으면 되직한 농도를 만들어 진한 맛이 일품이고, 볶음 요리에 넣으면 고소한 맛과 향을 즐길 수 있어요.

## 수연이네 완밥식 Q & A

수연이네 삼 형제 완밥 레시피에서 많은 분들이 궁금해하는 질문을 모았어요.

**Q**

**책에 실린 요리는 몇 세 아이부터 먹을 수 있나요?**

**A**

셋째 훤이는 이유식을 마치고 유아식을 시작하는 13개월부터 이 식단을 시작했어요. 물론 그때는 저와 남편, 형들이 먹는 것 그대로 먹지는 못했어요. 지금보다 간을 좀 더 싱겁게 한 후에 국물 조금에 밥을 말아 건더기를 잘게 잘라 주는 식으로 서서히 적응해 나갔어요. 3살인 지금은 형들과 똑같이 먹는답니다.

---

**Q**

**아이는 싱겁게 먹어야 하는데, 아이에겐 짜지 않을까요?**

**A**

아이들과 함께 먹는 음식이기 때문에 간을 무척 약하게 하는 편이에요. 그래서 SNS에 올리는 레시피에도, 이 책에도 맛을 본 후에 싱거우면 간을 꼭 추가하라는 당부의 말을 여러 번 덧붙였어요. 여러분도 맛을 보고 기호에 따라 간을 맞추세요.

---

**Q**

**아이가 편식을 많이 하는데, 어떻게 하면 삼 형제처럼 편식 없이 골고루 먹일 수 있을까요?**

**A**

우리 집 삼 형제는 아빠와 함께 밥을 먹으면서 편식하는 습관이 많이 고쳐졌어요. 아빠가 맛있게 골고루 먹으니 아이들도 덩달아 잘 먹게 되었죠. 그리고 아이들이 의외로 뼈가 붙은 고기 요리를 좋아하더라고요. 제 요리 중에 바쿠테나 닭다리닭곰탕은 아이들이 특히 좋아한다는 후기가 많으니 이것부터 시작해 보세요. '이건 아이들이 안 먹겠지…' 하며 짐작하지 말고, 다양하고 맛있는 음식에 도전해 우리 아이 편식을 고쳐 봐요. 제 경험상, 아이들은 생각보다 미식가예요.

**Q**

**5인분이라 양이 많은데, 식구가 적은 집은 어떻게 요리해야 할까요?**

**A**

레시피에 있는 재료를 딱 반으로 줄여서 만드세요. 어른 둘에 잘 먹는 아이 셋이 먹는 양이라서 한두 번 따라 하다 보면 재료의 양을 조절하거나 간을 맞추는 일에 감이 잡힐 거예요.

---

**Q**

**다양한 요리 아이디어는 어디서 얻나요?**

**A**

주로 남편과 대화하며 요리에 대한 아이디어를 떠올려요. 먼저 시어머니가 보내주시는 재료로 만들 수 있는 요리를 구상하고, 그다음엔 아이들이 좋아할 만한 조리법을 생각해요. 가공식품이 아닌 시골에서 자란 채소와 농작물에 한식과 양식, 외식할 때 먹었던 음식, TV에서 본 음식 등 다양한 경험과 상상을 접목하다 보면 종종 독특한 레시피가 탄생하기도 한답니다.

---

**Q**

**요리에 참기름, 참깨, 들깻가루를 자주 사용하는데 이유가 있나요?**

**A**

참기름은 고소한 향으로 입맛을 돋우는 역할을 하고 들깻가루는 요리에 넣으면 전혀 다른 음식같이 새로운 맛을 내요. 요리할 때 조미료를 최소한으로 사용하기 때문에 간혹 맛이 심심할 때가 있는데, 이렇게 고유의 맛이나 향을 가진 부수적인 재료를 사용하면 감칠맛이 살아나요.

Part 1

온 가족이 좋아하는

# 수연이네 SNS 인기 메뉴

# 바쿠테

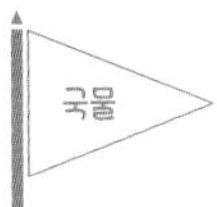


첫째 결이에게 "뭐 먹고 싶어?"라고 물어 보면 "갈비 먹자!"라고 답할 정도로 갈비 사랑이 대단해요. 그래서 결이가 좋아하는 돼지 등갈비로 국물 맛이 담백한 바쿠테를 끓였어요. 바쿠테는 돼지갈비를 푹 끓여서 만드는 싱가포르식 갈비탕인데요, 저는 통마늘과 통후추도 생략하고 등갈비로 바꾸어 간소하게 만들었어요. 조리 과정도 쉽고 맛도 좋아서 제 요리 중에 후기가 많은 음식 중 하나랍니다. 매일 메뉴를 고민하는 엄마들에게 바쿠테를 추천해요.

▶ 재료

- 돼지 등갈비 1kg
- 물 3L

▶ 양념

- 다진 마늘 2~3큰술
- 설탕 1큰술
- 소금 1큰술
- 굴소스 2큰술
- 후춧가루 1~2큰술

1. 냄비에 물을 넉넉하게 넣고 팔팔 끓으면 등갈비를 넣어 5분간 삶아 건진 뒤 찬물로 깨끗하게 씻어요.
2. 볼에 삶은 등갈비, 다진 마늘, 설탕, 소금, 굴소스를 넣고 버무려요.
3. 큰 냄비에 양념한 등갈비, 물 500ml를 넣고 센 불에서 10분간 끓여요.
4. 물 2L, 후춧가루를 넣고 중약불에서 50분간 끓이고, 물이 절반으로 줄면 물 500ml를 추가해 다시 푹 끓여 완성해요.

ⓘ 등갈비는 찬물에 담가 핏물을 제거하는 과정을 생략한 대신, 한 번 데치고 씻어서 핏물과 불순물을 제거해요.

ⓘ 마지막에 간을 보고 싱거우면 소금으로 간해요. 그릇에 담아 다진 대파, 후춧가루를 더 넣어 먹으면 맛있어요.

# 삭슈카

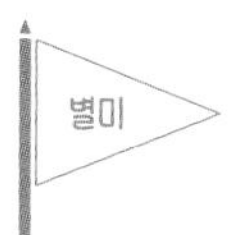


수연이네 요리 중에서 많은 분께 사랑받는 메뉴 샥슈카를 소개해요. 샥슈카는 토마토소스에 각종 채소를 넣어 스튜를 만든 뒤 달걀을 추가해 익혀 먹는 음식으로, 지중해와 중동 지역에서 즐겨 먹는다고 해요. 지금은 영미권 국가에서도 인기가 많아 '에그인헬'이라고도 불려요. 진한 토마토소스에 바삭한 토스트를 곁들이면 브런치나 한 끼 식사로도 손색없어요.

▶ 재료
- 당근 1개
- 고구마 1개
- 양파 1개
- 달걀 6개
- 식빵 3장
- 시판 토마토소스 400ml
- 두유 190ml

▶ 양념
- 올리브유 3큰술
- 다진 마늘 1큰술
- 참치액 1큰술
- 후춧가루 약간
- 파슬리가루 약간

1 당근, 고구마, 양파는 껍질을 벗기고 먹기 좋게 한입 크기로 썰어요.

2 달군 팬에 올리브유를 두르고 다진 마늘을 볶다가 당근, 고구마, 양파를 넣고 양파가 투명해질 때까지 볶아요.

3 토마토소스, 두유, 참치액을 넣고 뚜껑을 덮은 뒤 고구마가 익을 때까지 가끔씩 저어가며 끓여요.

4 노른자가 터지지 않게 달걀을 깨 넣고 다시 뚜껑을 덮어 약불에서 5~10분간 익혀요.

5 식빵을 구워 막대 모양으로 잘라 그릇에 세우고 토마토소스를 올린 뒤 후춧가루, 파슬리가루를 뿌려 완성해요.

ⓘ 식빵은 손으로 들고 먹을 수 있게 막대 모양으로 길게 썰어 토스터나 에어프라이어에 넣고 노릇하게 구워요.

# 새우오이밥

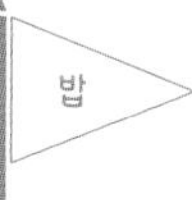


제 요리 중에 정말 인기가 많은 요리를 꼽으라면 새콤오이밥이 꼭 포함돼요. 이렇게 반응이 뜨거울 줄 몰랐는데, 많은 분들이 후기를 올려 주시니 얼마나 감사한지 몰라요. 새콤오이밥이 그만큼 맛있다는 뜻이겠죠? 그래서 오늘은 기본 새콤오이밥에 재료를 살짝 바꿔 새우오이밥으로 업그레이드했어요. 탱글탱글하게 씹히는 새우 맛이 더해져 밥을 다 비울 때까지 한 입 한 입 맛있게 먹을 수 있을 거예요.

▶ 재료
- 밥 5공기
- 오이 3개
- 새우 200g
- 달걀 5개

▶ 양념
- 소금 10g+약간
- 맛술 1큰술
- 올리브유 3큰술
- 후춧가루 1/2큰술
- 참기름 약간
- 참깨 약간

▶ 밥 양념
- 설탕 2큰술
- 식초 1/2큰술
- 소금 약간

**1** 오이는 껍질을 벗겨 둥글고 얇게 썰고, 소금 10g을 뿌려 20분간 절인 뒤 물기를 꼭 짜요.

**2** 새우는 맛술을 넣어 버무리고, 달걀은 잘 풀고, 밥은 밥 양념 재료를 넣고 잘 섞어요.

**3** 팬에 올리브유를 두르고 새우를 볶아 색이 변하면 달걀물을 붓고 소금, 후춧가루를 뿌려요.

**4** 약불에서 달걀이 타지 않게 스크램블드에그를 만든 뒤 불을 끄고 한 김 식혀 절인 오이를 섞어요.

**5** 양념한 밥 위에 볶은 재료를 올리고 참기름을 두른 뒤 참깨를 갈아 올려 완성해요

ⓘ 오이는 불에 볶지 않아요! 볶은 새우와 달걀을 충분히 식힌 다음 오이와 섞어 주세요.

ⓘ 밥 양념은 맛을 보고 기호에 맞게 양념을 추가해요.

차돌국밥

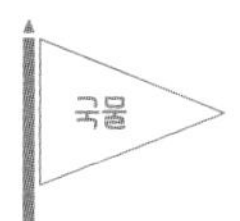


뜨끈뜨끈, 속이 풀리는 국물이 당길 때는 차돌국밥을 추천해요. 그릇에 고개를 파묻고 먹다 보면 땀이 송골송골 맺혀 마시지도 않은 술까지 해장되는 기분이에요. 남편은 잘 끓인 소고기뭇국보다 맛있다고 하고, 시원하고 담백한 맛이 좋아 아이들도 정말 잘 먹어요. 차돌박이에서 우러난 고소하고 진한 맛, 대파와 배추의 개운한 단맛이 어우러지는 국밥은 저의 강력 추천 메뉴이니 꼭 만들어 보세요.

재료

- 차돌박이 400g
- 대파 3대
- 배추 400g
- 물 2L

양념

- 올리브유 3큰술
- 새우젓 1~2큰술
- 국간장 3큰술
- 설탕 1큰술
- 다진 마늘 1큰술
- 후춧가루 1큰술

1 대파, 배추는 큼직하게 썰어요.

2 냄비에 올리브유를 두르고 차돌박이를 넣어 중불에서 3분간 볶아요.

3 새우젓을 넣고 센 불에서 1분간 볶다가 대파를 넣고 3분간 볶아요.

4 국간장, 설탕을 넣고 센 불에서 1분간 볶다가 배추를 넣고 중불에서 코팅하듯 30초간 볶아요.

5 물, 다진 마늘, 후춧가루를 넣고 중불에서 20분간 끓여 완성해요.

새우젓마다 짠맛이 다르니 먼저 1큰술만 넣어 맛을 보고 추가해요.

# 순살 닭칼국수

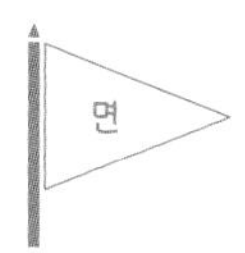


복날에는 주로 무슨 음식을 드시나요? 다양한 보양식 중에 저는 닭으로 만든 음식을 많이 하게 돼요. 이번 복날에는 집에 있는 닭다릿살로 닭칼국수를 만들었어요. 뼈 없는 닭다리살을 사용해 아이들이 편하게 먹을 수 있고, 닭을 한 번 구워서 푹 끓이면 진하고 고소한 국물이 우러나요. 남편은 맛을 보더니 저를 닭칼국수 명장이라고 부르는 거 있죠? 뼈 없는 닭고기를 활용한 간편한 보양식 한 그릇으로 무더위를 이겨내 봐요.

▶ 재료
- 생칼국수 450g
- 닭다릿살 500g
- 대파 3대
- 감자 3개 300g
- 애호박 1/2개
- 물 2.2L

▶ 양념
- 올리브유 2큰술
- 소금 1/2큰술
- 후춧가루 1/2큰술
- 참치액 3큰술
- 다진 마늘 2큰술

1 대파는 5cm 길이로 얇게 채 썰고, 감자, 애호박은 반달 모양으로 먹기 좋게 썰어요.

2 냄비에 올리브유를 두르고 닭 껍질을 팬에 닿게 올린 뒤 중불에서 5분간 굽고, 다시 뒤집어가며 3분간 노릇하게 구워 먹기 좋게 잘라요.

3 대파, 소금, 후춧가루를 넣고 대파의 숨이 죽을 때까지 센 불에서 3분간 볶아요.

4 물, 감자, 애호박, 참치액, 다진 마늘을 넣고 중불에서 20분간 끓여요.

5 감자가 익으면 칼국수를 잘 풀어 넣고 중불에서 4분간 끓여 완성해요.

ⓘ 칼국수에 후춧가루를 뿌리면 맛있어요.

ⓘ 생칼국수는 흐르는 물에 한번 헹궈서 끓이면 텁텁한 맛이 덜해요.

# 고구마 미소된장국

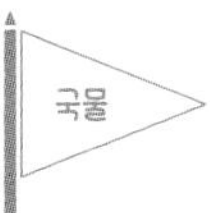


된장국에 고구마라니, 생소한 조합이죠? 하지만 한번 먹어 보고 나면 생각이 바뀔 거예요. 된장국에 들어간 고구마는 속살이 부드럽고 달콤할뿐만 아니라 껍질까지 맛있거든요. 고구마된장국에는 오래 끓일수록 맛있는 한국된장보다 빠르게 끓여 완성하는 미소된장이 잘 어울려요. 오래 끓이다 보면 고구마가 뭉개질 수 있거든요. 미소된장국은 여러 번 끓이면 텁텁해지니 딱 한 끼 분량만 만들어 드세요.

▶ 재료
- 고구마 3개 500g
- 물 1.5L

▶ 양념
- 미소된장 6큰술

**1** 고구마는 껍질째 한입 크기로 썰어요,

**2** 냄비에 물, 고구마를 넣어 중약불에서 끓여요.

**3** 고구마가 익으면 불을 끄고 미소된장을 잘 풀어 완성해요.

ℹ 미소된장은 '마루코메 쿤고시' 제품을 사용했어요.

오리들깨탕

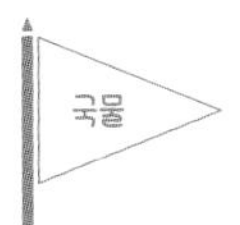


우리 가족의 소울 푸드이자, 보양이 필요할 때 삼계탕보다 먼저 찾는 음식이에요. 생오리고기에 죽순, 버섯, 미나리 등 좋아하는 채소와 들깻가루를 듬뿍 넣고 끓여 먹으면 정말 맛있어요. 재료는 기호에 따라 추가하거나 생략해도 되지만, 미나리는 꼭 넣어 주세요. 걸쭉한 들깨탕에서 건져 초장에 찍어 먹는 미나리가 정말 맛있거든요. 미나리는 좋아하는 만큼 듬뿍 넣고, 어른은 고춧가루와 후춧가루도 듬뿍 넣어 맛있게 드세요.

▶ 재료
- 생오리고기 500g
- 죽순 150g
  혹은 미니새송이버섯
- 팽이버섯 1봉
  생략 가능
- 미나리 200g

▶ 양념
- 된장 1큰술
- 다진 마늘 1큰술
- 생강가루 1/2큰술
- 들깻가루 15큰술
- 새우젓 1/2큰술
- 후춧가루 적당량

▶ 멸치 육수
- 국물용 멸치 20마리
- 다시마 2장
  손바닥 크기
- 물 1.8L

1 죽순, 팽이버섯, 미나리는 한입 크기로 썰어요.

2 냄비에 멸치 육수 재료를 넣고 팔팔 끓으면 다시마를 제거하고, 중약불에서 15분간 더 끓인 뒤 멸치를 제거해요.

3 끓는 육수에 된장을 풀고 다진 마늘, 오리고기를 넣어 끓여요.

4 끓어오르면 죽순, 팽이버섯을 넣고 오리고기가 다 익을 때까지 더 끓여요.

5 생강가루, 들깻가루를 넣고 새우젓으로 간한 뒤 후춧가루를 뿌리고 미나리를 올려 완성해요.

ⓘ 미나리가 없으면 쪽파나 부추를 곁들이고, 어른은 고춧가루를 추가해 먹어도 좋아요. 미나리는 초고추장에 찍어 먹으면 맛있어요.

ⓘ 저는 진한 국물을 좋아해서 들깻가루를 많이 넣었으니 맑은 국물을 원하면 5큰술만 넣어요.

콩나물
불고기

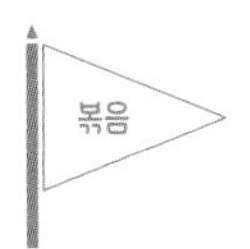


아삭아삭한 콩나물과 대패삼겹살의 환상적인 만남! 주기적으로 먹어야 할 콩불이에요. 간장으로 양념한 아이들용 식사를 덜고, 어른용은 고추장과 고춧가루를 넣고 볶아 매콤하게 먹어도 좋아요. 저는 들깻가루도 조금 넣어 향긋한 들깨 향을 함께 즐겼어요. 대패삼겹살이 아니더라도 얇게 저민 고기가 있다면 활용해 보세요.

▶ 재료
- 콩나물 600g
- 대패삼겹살 500g
- 새송이버섯 2개
- 깻잎 8장
- 대파 2대

▶ 양념
- 들깻가루 2큰술
- 참깨 약간

▶ 어린이 양념장
- 다진 마늘 1+1/2큰술
- 설탕 2+1/2큰술
- 간장 5큰술
- 맛술 5큰술

▶ 어른 양념장
- 고춧가루 2큰술
- 고추장 3큰술

1 콩나물은 헹구고, 버섯, 깻잎은 채 썰고, 대파는 송송 썰고, 어린이 양념장과 어른용 양념장은 각각 잘 섞어요.

2 냄비에 콩나물-삼겹살-버섯-깻잎 순으로 차곡차곡 올리고 어린이 양념장을 빙 둘러 부어 센 불에서 끓여요.

3 고기와 채소가 적당히 익으면 들깻가루, 대파를 넣고 잘 섞어가며 완전히 익힌 뒤 아이용 식사를 덜어줘요.

4 남은 콩불에 어른용 양념을 넣어 잘 풀고, 그릇에 덜어 참깨를 뿌려 완성해요.

# 파개장

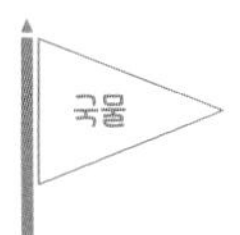


제 요리에 대파는 빼놓을 수 없는 식재료예요. 일주일에 두 단은 먹을 정도로 많이 사용하죠. 물론 대파가 맛있어서 여기저기 넣지만 특히 이 요리, 파개장 때문이에요. 대파를 듬뿍 넣어 만든 파개장이 파의 깊고 시원한 맛에 눈뜨게 해 줬거든요. 소고기에서 우러난 진하고 고소한 맛, 볶은 파가 뿜어내는 달고 시원한 맛이 어우러진 국물은 한입 먹어 보면 누구라도 반할 거예요. 모자란 간은 소금으로 맞춰 맛있게 드세요.

▶ 재료

- 소고기 400g
  불고기용
- 대파 7대
- 숙주 380g
  생략 가능
- 물 2L

▶ 양념

- 올리브유 2큰술
- 참기름 1큰술
- 국간장 3큰술
- 참치액 4큰술
- 다진 마늘 1~2큰술
- 후춧가루 1/2큰술

▶ 어른용 양념장

- 다진 마늘 1큰술
- 고춧가루 3큰술
- 국간장 2큰술
- 물 3큰술

1 소고기는 키친타월로 핏물을 제거하고, 대파는 길게 반 갈라 큼직하게 썰고, 숙주는 2등분해요.

2 어른용 양념장 재료는 잘 섞어요.

3 냄비에 올리브유, 참기름을 두르고 소고기를 넣어 중불에서 3분간 볶아요.

4 대파를 넣고 센 불에서 5분간 볶아 숨이 죽으면 국간장, 참치액을 넣고 2분간 볶아요.

5 물, 다진 마늘을 넣고 중불에서 40분간 끓인 뒤 숙주를 넣어 불을 끄고, 후춧가루를 뿌려 어른용 양념장을 따로 곁들여 완성해요.

ⓘ 파개장은 오래 끓일수록 맛있으니 충분히 시간을 가지고 끓여요.

ⓘ 건더기가 남으면 물을 조금 넣고 팔팔 끓인 다음 소금으로 간을 맞춰 먹어요.

# 토마토 오징어덮밥

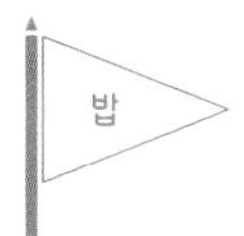


오랜만에 맞는 주말 봄 날씨에 식구들과 나들이를 다녀왔어요. 즐겁게 콧바람을 쐬어서 그런지 아침에도 평소보다 덜 피곤한 것 같더라고요. 이렇게 상쾌한 기분을 이어가고자 한 주를 시작하는 음식은 상큼한 토마토오징어덮밥으로 결정했어요. 토마토의 과즙이 오징어에 부드럽게 배어 아이도 참 잘 먹어요. 저희는 아이들 식사를 덜어주고 고춧가루를 뿌려 먹었는데, 토마토와 고춧가루를 함께 볶으면 더 맛있어요. 기호에 따라 당근과 양파도 넣어 맛있게 드세요.

▶ 재료
- 밥 5공기
- 오징어 3마리
- 방울토마토 400g
- 깻잎 약간

▶ 양념
- 올리브유 3큰술
- 참기름 약간
- 후춧가루 1/2큰술
- 참깨 약간

▶ 토마토 양념
- 다진 마늘 1큰술
- 설탕 3큰술
- 간장 3큰술
- 매실액 3큰술

**1** 토마토는 2등분해 볼에 담고 토마토 양념 재료를 넣고 잘 버무려요.

**2** 깻잎은 가늘게 채 썰고, 오징어는 한입 크기로 썰어요.

**3** 팬에 올리브유를 두르고 양념한 토마토를 부어 토마토가 부드러워질 때까지 볶아요.

**4** 오징어를 넣고 중약불에서 15분간 타지 않게 저어가며 볶다가 깻잎을 넣고 30초간 볶은 뒤 불을 끄고 참기름, 후춧가루를 뿌려요.

**5** 밥 위에 토마토오징어볶음을 올리고 참깨를 뿌려 완성해요.

# 대파 감자수프

주말이면 저는 간단한 양식을 만들곤 해요. 오늘의 메뉴는 대파감자수프! 수프는 블렌더에 한 번 갈아서 부드럽게 만드는 것이 일반적인데, 저는 갈지 않고 먹는 걸 추천해요. 만들기도 간단한 데다 수프 속 으깨진 감자의 식감이 정말 맛있거든요. 갈지 않아도 대파의 섬유질이 거의 느껴지지 않고 향긋한 대파 향만 가득해요. 저는 프렌치토스트를 곁들여 주말 아침, 맛있는 브런치로 즐겼답니다.

▶ 재료
- 대파 흰 부분 2대
- 큰 감자 3개
  650g
- 슬라이스치즈 3장
- 물 100ml
- 우유 500ml

▶ 양념
- 버터 70g
- 소금 1/2큰술
- 후춧가루 약간

1 대파는 송송 잘게 썰고, 감자는 껍질을 벗겨 최대한 얇게 한입 크기로 썰어요.

2 팬에 버터를 녹이고 감자를 볶다가 절반 정도 익으면 대파를 넣어 대파의 숨이 죽을 때까지 볶아요.

3 물을 넣고 뚜껑을 덮어 중불에서 5분간 익히다가 우유 250ml, 소금, 후춧가루를 섞어 3분간 끓여요.

4 나머지 우유 250ml를 넣고 재료가 푹 익을 만큼 끓인 뒤 매셔나 국자로 감자를 적당히 으깨요.

5 불을 끄고 치즈를 넣어 잘 녹인 뒤 그릇에 담아 완성해요.

ℹ 우유는 한꺼번에 넣기보다는 2~3번에 나누어 넣으며 농도를 맞춰요.

간장쫄면

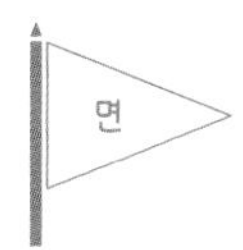


이번 주에 면을 한 번도 안 먹었다니, 면을 좋아하는 사람으로서 그냥 넘어갈 수 없겠죠? 어떤 면 요리를 할까 고민하다가 머릿속에 간장쫄면이 번뜩 떠올랐어요. 집에 있는 콩나물과 오이, 당근을 듬뿍 넣었더니 푸짐하고 영양 가득한 한 그릇 요리가 되었어요. 아이들과 함께 먹는 음식이라서 고추장 대신 간장으로 양념했는데, 오히려 단짠단짠한 양념이 입에 착 붙어서 우리 집 별미가 되었답니다.

▶ 재료
- 쫄면 4인분
- 오이 2개
- 당근 1개
- 콩나물 500g

▶ 양념장
- 설탕 2큰술
- 간장 4큰술
- 물 4큰술
- 식초 1큰술
- 참깨 1큰술

1. 쫄면은 가닥가닥 뜯고, 오이, 당근은 가늘게 채 썰고, 양념장 재료는 잘 섞어요.
2. 끓는 물에 콩나물을 넣고 3분간 데친 뒤 찬물에 헹궈 물기를 빼요.
3. 콩나물 데친 물에 쫄면을 넣고 삶은 뒤 찬물에 여러 번 헹궈 물기를 빼요.
4. 그릇에 쫄면, 오이, 당근, 콩나물을 둘러 담고 기호에 맞게 양념장을 올려 완성해요.

ⓘ 쫄면은 찬물에 비벼가며 헹궈 전분기를 뺀 다음 물기를 꼭 짜야 양념장이 잘 스며들어요.

ⓘ 마지막에 참기름을 뿌리고 삶은 달걀을 곁들여 먹으면 더 맛있어요.

애호박
들깨국수

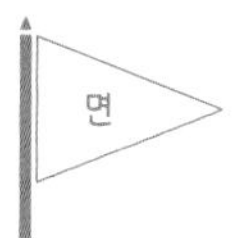


한동안 애호박 가격이 너무 올라 사 먹기 부담스러울 때가 있었어요. 가격이 떨어지자마자 왕창 사왔죠. 그동안 못 먹은 한을 풀어 보자며 애호박을 듬뿍 넣어 국수를 만들기로 했어요. 애호박도 가득, 좋아하는 들깨도 가득 넣었더니 국물이 진한 애호박들깨국수가 되었답니다. 볶은 애호박을 씹을 때마다 은은하게 퍼지는 건강한 단맛, 들깨 덕분에 더욱 고소해진 국물은 우리 집 막내 입맛에도 딱 맞아요.

▶ 재료
- 중면 400g
- 애호박 3개
- 물 1.5L

▶ 양념
- 올리브유 2큰술
- 새우젓 2큰술
- 참치액 3큰술
- 들깻가루 20큰술

1 애호박은 먹기 좋게 채 썰고, 냄비에 올리브유를 두르고 애호박, 새우젓을 넣고 볶은 뒤 덜어서 한 김 식혀요.

2 끓는 물에 중면을 넣고 삶아 찬물에 헹구고 물기를 빼요.

3 애호박을 볶은 팬에 물, 참치액, 들깻가루를 넣고 팔팔 끓여 육수를 만들어요.

4 그릇에 삶은 중면을 담고 육수를 부은 뒤 애호박을 올려 완성해요.

ⓘ 취향에 따라 김가루나 참깨, 고춧가루, 참기름을 추가해 먹어요.

ⓘ 아삭한 식감을 좋아하면 애호박을 살짝만 볶고, 부드러운 식감을 좋아하면 조금 더 익혀요.

ⓘ 모자란 간은 참치액이나 소금으로 맞추고, 들깻가루는 기호에 따라 양을 가감해요.

로코모코

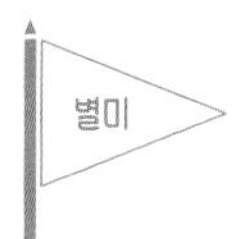


로코모코는 하와이식 햄버그스테이크로 흰 쌀밥 위에 두툼한 패티와 달걀프라이를 얹고 그레이비 소스를 곁들이는 요리예요. 오리지널 그레이비소스는 우스터소스를 넣고 만들지만 저는 간장과 식초, 케첩으로 간편하게 만들었어요. 두툼하게 씹히는 패티에 짭조름하면서도 산미 있는 소스가 무척 잘 어울린답니다. 맛도 있고 포만감도 좋아 온 가족이 좋아하는 메뉴예요.

▶ 재료
- 밥 5공기
- 양파 1개
- 느타리버섯 300g
- 달걀 5개
  1인당 1개
- 물 500ml

▶ 양념
- 올리브유 적당량
- 버터 30g

▶ 햄버그스테이크
- 다진 소고기 350g
- 다진 돼지고기 350g
- 다진 마늘 1/2큰술
- 소금 3꼬집
- 후춧가루 약간

▶ 소스
- 전분가루 3큰술
- 설탕 1큰술
- 간장 3큰술
- 식초 1큰술
- 케첩 1큰술

1. 볼에 햄버그스테이크 재료를 넣고 잘 치대어 동글납작한 패티를 만들어요.
2. 양파는 채 썰고, 버섯은 가닥가닥 떼고, 소스 재료는 잘 섞어요.
3. 팬에 올리브유를 넉넉히 두르고 패티를 앞뒤로 살짝 구운 뒤 뚜껑을 덮어 약불에서 6~8분간 익히고, 다시 패티를 뒤집고 뚜껑을 덮어 6~8분간 더 익혀 접시에 덜어놔요.
4. 팬에 남은 육즙에 버터를 녹이고 양파, 버섯을 넣어 볶아요.
5. 채소가 익으면 소스를 넣어 약불에서 볶다가 소스가 뭉치면 물을 부은 뒤 걸쭉해질 때까지 끓여 불을 꺼요.
6. 그릇에 밥, 패티를 담고 소스를 얹은 뒤 달걀프라이를 곁들여 완성해요.

맑은명란국

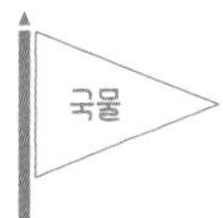


날씨가 우중충하거나 비가 오는 날이면 맑고 개운한 국물이 생각나요. 그래서 집에 있는 명란으로 명란국을 끓여 봤어요. 짭조름한 맛과 톡톡 터지는 식감이 재미있는지 아이들이 너무 잘 먹더라고요. 시원하고 개운한 맛의 국물은 후루룩 떠먹고, 잘 익은 명란과 두부, 무는 밥에 비벼 먹다 보면 어느새 한 그릇이 금세 사라져요. 어른은 국물에 고춧가루를 넣어 칼칼하게 즐기고, 부족한 간은 새우젓으로 맞추세요.

▶ 재료

- 명란젓 6개
  300g
- 두부 1모
  500g
- 무 1/3개
- 대파 1대
- 물 1.5L

▶ 양념

- 새우젓 1큰술
- 다진 마늘 1큰술
- 참치액 1큰술

1 두부는 먹기 좋게 썰고, 무는 껍질을 벗겨 한입 크기로 썰고, 대파는 송송 썰어요.

2 냄비에 물을 붓고 무, 새우젓, 다진 마늘을 넣고 끓여요.

3 끓어오르면 명란, 두부, 대파, 참치액을 넣고 무가 익을 때까지 끓여 완성해요.

ⓘ 명란은 통째로 넣어 끓이고 아이들 식사에만 먹기 좋게 잘라서 담아요.

닭구이덮밥

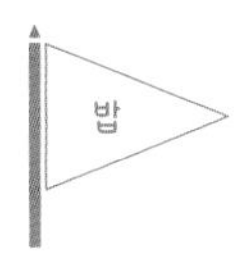


오늘은 첫째 결이, 막내 훤이의 등원 첫날이에요. 새로운 도전을 하는 아이들에게 아침을 든든하게 챙겨 주고 싶어 닭을 구워 덮밥을 만들었어요. 닭다리살은 굽다가 찌듯이 부드럽게 익히고, 마요네즈로 고소한 소스를 만들어 곁들이니 막내도 야무지게 한 그릇 싹싹 비웠어요. 어른용 소스에는 고추냉이를 넣어서 알싸한 맛이 매력적이랍니다. 새 학기를 시작하는 모든 친구들이 잘 적응하길 바라며, 우리 엄마들도 파이팅!

▶ 재료
- 밥 5공기
- 닭다릿살 600g
- 대파 2대

▶ 양념
- 올리브유 2큰술
- 후춧가루 약간

▶ 닭고기 양념
- 생강가루 1/2큰술
- 설탕 1큰술
- 소금 1/2큰술
- 후춧가루 1/2큰술

▶ 마요소스
- 마요네즈 2큰술
- 설탕 2큰술
- 식초 1큰술
- 고추냉이 1/2큰술
  어른 소스에만 추가

1 닭다릿살에 닭고기 양념 재료를 넣고 잘 버무려요.

2 대파는 잘게 썰고, 마요소스 재료는 잘 섞어요.

3 팬에 올리브유를 두르고 닭 껍질을 팬에 닿게 올린 뒤 중약불에서 뒤집어가며 익히다가 뚜껑을 덮어 속까지 완전히 익혀요.

4 익은 닭고기는 먹기 좋게 썰어 가장자리에 밀어 두고, 닭기름에 파를 넣어 중불로 3분간 볶은 뒤 닭고기와 어우러지게 볶아 후춧가루를 뿌려요.

5 그릇에 밥을 담고 닭구이를 얹어 마요 소스를 곁들여 완성해요.

ⓘ 마요 소스는 잘 섞어 아이용을 덜어두고, 어른용에만 고추냉이를 추가해 곁들여요.

양배추
새우덮밥

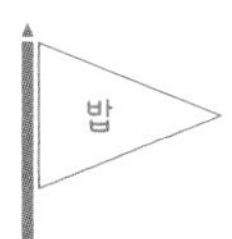


주말 이틀 내내 잘 놀며 맛있는 음식도 많이 먹었더니 월요일엔 몸이 무겁더라고요. 그래서 오늘 아침은 양배추와 새우로 가벼운 덮밥을 준비했어요. 새우를 워낙 좋아하는 삼 형제는 두말할 것 없이 잘 먹었고, 남편도 한 그릇 뚝딱 비웠답니다. 탱글탱글한 새우의 식감과 부드럽게 익은 양배추가 조화롭게 어울려 온 가족 모두 잘 먹을 거예요.

▶ 재료

- 밥 5공기
- 새우살 300g
- 양배추 360g
- 달걀 7개

▶ 양념

- 맛술 2큰술
- 후춧가루 약간+1/2큰술
- 올리브유 3큰술
- 다진 마늘 1큰술
- 소금 1/2큰술
- 멸치액젓 2큰술
- 참기름 약간
- 참깨 약간

**1** 새우는 맛술 1큰술을 넣어 버무리고, 양배추는 가늘게 채 썰고, 달걀은 후춧가루를 약간 넣어 잘 풀어요.

**2** 팬에 올리브유를 두르고 다진 마늘을 볶다가 새우, 소금, 후춧가루 1/2큰술을 넣어 새우 색이 변할 때까지 볶아요.

**3** 양배추를 넣고 볶다가 양배추의 숨이 죽으면 불을 끈 뒤 맛술 1큰술, 멸치액젓을 넣고 약불에서 1분간 더 볶아요.

**4** 양배추 위에 달걀물을 빙 둘러 붓고 뚜껑을 덮어 달걀을 익혀요.

**5** 밥 위에 새우달걀볶음을 올리고 참기름, 참깨를 뿌려 완성해요.

ⓘ 냉동새우를 사용할 때는 소금 1/2큰술 정도를 넣은 찬물에 담가 해동하면 새우살이 더 탱글탱글해져요. 꼬리는 제거하고 사용해요.

닭다리
닭곰탕

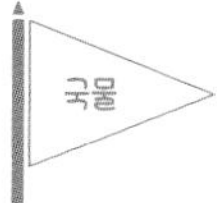


저희 아이들은 뼈를 들고 고기를 뜯어 먹는 걸 참 좋아해요. 그래서 뜯어 먹기 좋은 닭다리를 넣어 닭곰탕을 끓였어요. 닭이 푹 우러나도록 끓이면 별다른 양념 없이 소금으로만 간해도 참 맛있어요. 맛도 좋고 뜯어 먹는 재미도 있어서 아이들은 순식간에 완밥했어요. 일반 닭곰탕과는 재료도, 만드는 법도 살짝 다른 수연이네만의 레시피로 진하고 고소한 닭곰탕을 즐겨 보세요.

▶ 재료

- 닭다리 10개
  껍질 있는 것
- 대파 2대
- 물 2L

▶ 양념

- 다진 마늘 1~2큰술
- 소금 1/2큰술
- 후춧가루 1/2큰술

1 달군 냄비에 닭다리를 넣고 뒤집지 않은 채 아랫면이 노릇해질 때까지 중약불로 6~7분간 구워 닭기름을 내요.

2 기름이 나오기 시작하면 잘 뒤집어가며 골고루 구워요.

3 대파를 채 썰어 닭기름에 넣고 대파의 숨이 죽을 때까지 볶아요.

4 물, 다진 마늘, 소금, 후춧가루를 넣어 센 불에서 끓여요.

5 팔팔 끓으면 20분간 더 끓여 국물을 우리고, 기호에 따라 소금, 후춧가루로 간해 완성해요.

ⓘ 닭을 구울 때 팬에 껍질이 눌어붙어도 괜찮아요. 오히려 눌어붙은 부분이 국물을 진하게 만들어 주는데, 물을 넣어 끓이면 사라져요. 단, 까맣게 타지 않도록 주의하세요.

ⓘ 뼈와 껍질이 있는 닭을 사용하면 고소한 닭기름을 사용할 수 있는 데다 뼈에서부터 국물이 우러나 살코기로만 끓였을 때보다 국물이 진해요.

# 연어 프라이팬밥

밥

솔밥, 어려워하는 분들이 많으시죠? 솔밥을 손쉽게 만드는 법을 고민하다가 '편스토랑'에 나온 프라이팬밥이 떠올라 응용해 봤어요. 솔밥을 만들 때는 재료를 따로 볶아서 냄비로 옮기는데, 프라이팬밥은 그 과정을 생략하고 팬 하나로 완성하니 더 편하더라고요. 저는 냉장고에 있는 당근, 고구마만 넣었지만 양파나 쪽파, 우엉 등 다양한 재료를 추가해 보세요. 싱거우면 소금을 더해 간하거나 닭고기솥밥(114쪽) 양념장을 곁들이세요.

▶ 재료
- 쌀 300g
- 연어 330g
- 당근 1개
- 고구마 2개

▶ 양념
- 올리브유 4큰술
- 소금 약간
- 후춧가루 약간
- 맛술 1큰술
- 참치액 1큰술

▶ 다시마 육수
- 다시마 1~2장 손바닥 크기
- 물 300ml

1 쌀은 잘 씻어 20~30분간 불리고, 다시마 육수 재료를 섞어 20분간 우린 뒤 다시마를 제거해요.

2 당근, 고구마는 껍질을 벗겨 작은 한입 크기로 썰고, 연어는 물기를 제거해 큼직하게 썰어요.

3 팬에 올리브유 3큰술을 두르고 연어를 올린 뒤 소금, 후춧가루를 뿌리고, 사방을 골고루 익혀 접시에 덜어놔요.

4 연어를 구운 팬에 올리브유를 1큰술을 두르고 고구마, 당근을 넣어 볶다가 절반 정도 익으면 불린 쌀을 넣고 중불에서 1분간 볶아요.

5 다시마 육수를 붓고 뚜껑을 덮어 중약불에서 12분간 익혀요.

6 구운 연어를 올리고 맛술, 참치액을 뿌린 뒤 뚜껑을 덮어 약불에서 3분간 뜸을 들이고, 연어를 으깨어가며 밥과 잘 섞어 완성해요.

ⓘ 부족한 간은 소금, 후춧가루로 맞추고, 마지막에 참기름, 참깨를 뿌려요.

# 두부파스타

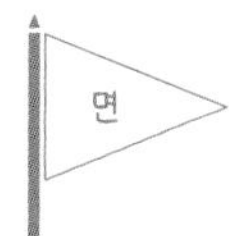


함양 여행 중에 고칼로리 음식을 먹은 데다 어제 아침은 갈비탕, 저녁은 중국 요리를 먹었어요. 이러다가 우리 가족 모두 살찌겠다는 생각에 정신이 번쩍 들더라고요. 그래서 단백질이 풍부한 두부를 넣고 포만감 좋은 두부파스타를 만들었어요. 으깬 두부 덕분에 새콤한 토마토소스가 부드럽고 고소해져서 가족 모두 맛있게 먹었답니다. 관리가 필요할 땐 맛도 있고 살도 덜 찌는 두부파스타로 건강한 한 끼를 챙겨 보세요.

▶ 재료
- 스파게티 300g
- 두부 2모
  600g
- 토마토 2개
- 시판 토마토소스 600g

▶ 양념
- 올리브유 1큰술
- 다진 마늘 1/2큰술
- 소금 약간
- 후춧가루 약간

1. 두부는 무거운 그릇으로 눌러 물기를 뺀 뒤 키친타월로 물기를 닦고, 토마토는 잘게 다져요.
2. 두부 1모는 한입 크기로 네모나게 잘라 소금을 뿌린 뒤 에어프라이어 200℃에서 10분, 뒤집어서 5분간 더 구워 덜어 놔요.
3. 끓는 물에 스파게티를 삶아 건져 물기를 빼요.
4. 팬에 올리브유를 두르고 다진 마늘을 볶다가 나머지 두부 1모를 넣고 으깨어가며 3분간 볶아요.
5. 토마토, 소금, 후춧가루를 넣고 3분간 볶다가 토마토소스를 넣고 3분간 더 볶아 불을 꺼요.
6. 삶은 스파게티를 넣어 잘 섞고 접시에 담은 뒤 구운 두부를 올려 완성해요.

# 오징어 순두부국

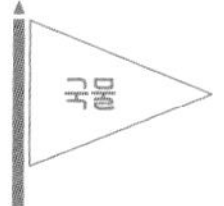


계절이 바뀌어도 아침 바람이 아직 쌀쌀할 때면 식탁에는 따끈한 국이 필요해요. 그래서 냉장고에 있는 오징어와 순두부를 넣고 부드럽게 훌훌 넘어가는 맑은 국을 끓였어요. 담백하고 개운한 맛이 좋은 데다 오징어가 질겨지지 않도록 적당히 끓였더니 막내도 참 잘 먹어요. 낙지와 오징어의 차이점에 대해 한참을 이야기하며 맛있게 먹었답니다.

▶ 재료
- 오징어 1마리
- 순두부 2봉
- 양파 1개
- 대파 1대

▶ 양념
- 다진 마늘 1큰술
- 국간장 1큰술
- 참치액 1큰술
- 후춧가루 약간

▶ 멸치 육수
- 국물용 멸치 20마리
- 다시마 2장
  손바닥 크기
- 물 1.8L

1 오징어는 한입 크기로 썰고, 양파는 채 썰고, 대파는 어슷하게 썰어요.

2 냄비에 멸치 육수 재료를 넣고 10분간 끓이다가 멸치, 다시마를 제거해요.

3 끓는 육수에 오징어, 양파, 다진 마늘을 넣고 끓이다가 팔팔 끓으면 순두부, 국간장, 참치액을 넣고 센 불에서 5분간 끓여요.

4 대파를 넣고 후춧가루를 뿌린 뒤 한소끔 끓여 완성해요.

# 타코

오늘은 배 속에 있는 넷째 대박이가 타코를 먹고 싶다고 신호를 보내기에 초간단 타코를 만들어 봤어요. 살사소스도 넣지 않고 맘대로 만든 타코지만, 나름 타코 맛이 난답니다. 아직 토르티야를 들고 먹는 것이 익숙지 않은 아이에게는 밥 위에 타코의 속 재료를 올려 타코라이스를 만들어 주세요. 집에 타바스코소스가 있다면 어른은 꼭 뿌려 드시길 추천합니다.

▶ 재료

- 토르티야 5장
  20cm
- 다진 소고기 350g
- 양파 1개
- 토마토 2개
- 양상추 1/2개
- 피자치즈 100g

▶ 양념

- 올리브유 2큰술
- 케첩 3큰술
- 계핏가루 1큰술
- 후춧가루 1/2큰술

1 양파, 토마토, 양상추는 작은 한입 크기로 썰어요.

2 팬에 올리브유를 둘러 소고기를 볶고, 고기가 익으면 양파를 넣어 3분간 볶아요.

3 케첩, 계핏가루, 후춧가루를 넣고 2분간 볶다가 치즈를 넣고 녹여 불을 꺼요.

4 에어프라이어 200℃에 토르티야를 넣고 2분간 구운 뒤 양상추, 볶은 고기, 토마토를 올려 완성해요.

연어미역국

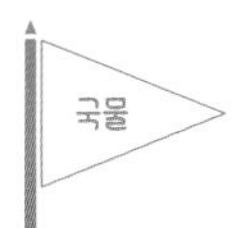


아이들에게 "어린이집 밥이 맛있어, 엄마 밥이 맛있어?"라고 물어봤더니 둘째, 셋째는 고민도 없이 "엄마 밥!"이라고 답하는데, 첫째는 유치원 밥이 더 맛있대요. 이유를 물었더니 미역국을 줘서 그렇대요. 그렇다면 엄마가 미역국 한번 만들어 줘야겠죠? 특별히 연어를 넣고 끓인 미역국에는 들깻가루를 추가해 비린 맛을 없앴어요. 매번 같은 미역국이 물릴 때 개운한 연어미역국에 도전해 보세요.

▶ 재료
- 불린 미역 270g
- 연어 320g
- 물 2.2L

▶ 양념
- 참기름 2큰술
- 국간장 2큰술
- 참치액 4큰술
- 다진 마늘 2큰술
- 들깻가루 6큰술
- 후춧가루 1/2큰술

1 불린 미역은 헹궈 물기를 꼭 짜고, 연어는 물기를 제거해 큼직하게 깍둑 썰어요.

2 냄비에 참기름을 두르고 미역, 국간장 1큰술을 넣어 중불에서 1분간 볶아요.

3 물, 국간장 1큰술, 참치액, 다진 마늘을 넣고 끓여요.

4 팔팔 끓으면 연어, 들깻가루, 후춧가루를 넣고 중불에서 20분간 끓여 완성해요.

ⓘ 불린 미역은 마른 미역을 물에 15분간 담가 불려서 사용해요.

Part 2

간편하게 즐기는

# 한그릇 뚝딱 밥상

# 목살덮밥

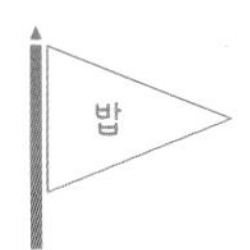


남편이 직접 그림을 그려 제작한 앞치마를 선물 받았어요. 정성이 담긴 앞치마를 입고 요리했더니 기분 탓인지 요리가 더 맛있게 완성된 것 같아요. 그냥 구워도 맛있는 목살을 대파와 채 썬 생강을 듬뿍 넣고 조렸더니 느끼한 맛은 사라지고 은은향 향만 남아 감칠맛이 풍부해졌답니다. 시아버님이 정성껏 기르신 상추와 너무 잘 어울리더라고요. 오늘은 남편과 시아버님의 정성을 듬뿍 먹었더니 힘이 불끈 솟아 컨디션이 정말 좋네요.

▶ 재료
- 밥 5공기
- 돼지 목살 500g
- 대파 3대
- 생강 2~3톨

▶ 양념
- 올리브유 2큰술
- 참기름 약간
- 참깨 약간

▶ 양념장
- 간장 4큰술
- 맛술 1큰술
- 물 4큰술
- 꿀 2큰술

1 대파, 생강은 가늘게 채 썰고, 양념장 재료에 채 썬 생강을 넣어 잘 섞어요.

2 팬에 올리브유를 두르고 목살을 앞뒤로 노릇하게 구워 먹기 좋게 잘라요.

3 고기가 익으면 대파를 넣고 중불에서 5분간 볶다가 양념장을 넣고 4~5분간 볶아가며 졸여요.

4 밥 위에 볶은 고기를 올리고 참기름, 참깨를 뿌려 완성해요

# 된장솥밥

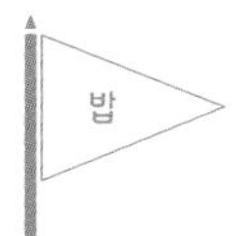


신나는 주말을 보내고 맞는 월요일! 이번 주도 힘차게 지내 보자는 의미로 따끈하고 구수한 솥밥으로 밥상을 차렸어요. 대부분의 솥밥에는 양념장을 따로 곁들여 먹곤 했는데, 밥에 된장을 풀어 만들었더니 양념장이 필요 없을 만큼 밥의 간이 딱 맞고 풍미 또한 좋아요. 아이들 입맛에도 잘 맞는지 밥에 올린 오이고추까지 잘 먹어서 얼마나 기특했는지 몰라요. 다른 반찬이 필요 없고 재료도 간단하니 솥밥이 생각날 때 만들어 보세요.

▶ 재료
- 쌀 300g
- 생오리슬라이스 600g
- 당근 1/2개
- 오이고추 7개
- 밥물 300ml

▶ 양념
- 된장 1큰술
- 올리브유 2큰술
- 소금 1/2큰술
- 후춧가루 1/2큰술
- 생강가루 1큰술
  혹은 맛술
- 버섯가루 1큰술
  생략 가능
- 들기름 약간

1 쌀은 씻어 20분간 불리고, 당근은 잘게 썰고, 고추는 송송 썰어요.

2 밥물을 100ml 정도 덜어 된장을 넣고 잘 풀어요.

3 냄비에 올리브유를 두르고 오리고기, 소금, 후춧가루를 넣고 볶아 먹기 좋게 자르고, 토핑용 오리고기 약간을 접시에 덜어 놔요.

4 당근, 생강가루, 버섯가루를 넣고 중불에서 1분간 볶고, 불린 쌀, 된장물, 나머지 밥물 200ml를 넣어 잘 섞은 뒤 뚜껑을 덮어 센 불에서 끓여요.

5 끓어오르면 약불에서 12분간 익혀 불을 끄고, 토핑용 오리고기, 고추를 올린 뒤 다시 뚜껑을 덮어 5분간 뜸을 들여요.

6 그릇에 담아 들기름을 뿌려 완성해요.

# 토마토규동

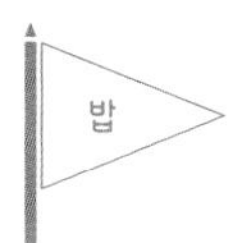


오늘은 아이들과 수영장에 가는 날이에요. 사실 계획에 없던 일정이었는데, 한 달 내내 장마라는 소식에 갈 수 있을 때 가야겠다 싶더라고요. 아침 일찍 출발할 거라 가기 전에 든든하게 먹고 싶어 토마토규동을 준비했어요. 달콤 짭조름한 육수를 머금은 토마토, 야들야들한 우삼겹을 밥 위에 올려 먹으면 촉촉하고 진한 맛이 입안에 가득 퍼져요. 영양이 풍부한 토마토는 익혀 먹으면 몸에 더 좋다고 하니 건강까지 챙길 수 있는 메뉴예요.

▶ 재료
- 밥 5공기
- 우삼겹 400g
- 토마토 2개
- 양파 2개
- 쪽파 5줄기
- 달걀 4개
- 물 600ml

▶ 양념
- 3배농축 쯔유 120ml
- 설탕 2큰술
- 소금 약간
- 참기름 약간
- 참깨 약간
- 후춧가루 약간

1 토마토는 큼직하게 썰고, 양파는 채 썰고, 쪽파는 송송 썰고, 달걀은 잘 풀어요.

2 냄비에 물, 쯔유, 설탕, 소금을 넣고 센 불에서 끓여요.

3 끓어오르면 우삼겹, 토마토, 양파를 넣고 5분간 끓이며 거품을 제거해요.

4 달걀물을 빙 둘러 붓고 뚜껑을 덮어 중불에서 2분간 끓인 뒤 쪽파를 뿌리고 30초간 끓여 불을 꺼요.

5 밥 위에 끓인 재료를 올리고 참기름, 참깨, 후춧가루를 뿌려 완성해요.

ⓘ 우삼겹 대신 닭고기, 소고기 등 좋아하는 고기를 넣어도 좋아요.

ⓘ 어른용 식사에는 고춧가루나 송송 썬 청양고추를 곁들이면 맛있어요.

# 새싹 명란비빔밥

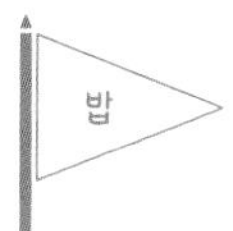


이번 주는 눈코 뜰 새 없을 만큼 바빴어요. 그래서 식사도 빨리 차릴 수 있는 메뉴 위주로 준비하게 되더라고요. 하지만 맛과 영양은 포기할 수 없잖아요? 비타민이 풍부한 새싹채소와 고단백 식품인 명란젓으로 파릇파릇한 비빔밥을 만들어요. 명란이 짭조름해서 간을 따로 하지 않아도 참 맛있어요. 아이와 함께 먹어서 명란젓을 익혔지만, 어른만 먹을 때는 명란젓을 익히지 않아도 돼요. 명란 대신 다진 돼지고기나 소고기를 넣고 간을 더해 비벼 먹어도 잘 어울려요.

▶ 재료

- 밥 5공기
- 새싹채소 300g
- 명란 6개
- 대파 1대
- 달걀 5개
  1인당 1개

▶ 양념

- 올리브유 2큰술
- 다진 마늘 1큰술
- 참기름 약간
- 참깨 약간

1 새싹채소는 씻어 물기를 빼고, 대파는 송송 썰고, 명란은 한입 크기로 썰어요.

2 팬에 올리브를 두르고 중불에서 대파를 3분간 볶다가 다진 마늘을 넣어 1분간 볶아요.

3 명란을 넣어 익을 때까지 으깨어가며 볶다가 불을 꺼요.

4 달걀프라이를 만들어 밥 위에 올리고 새싹, 명란볶음을 얹은 뒤 참기름, 참깨를 뿌려 완성해요.

참깨를 듬뿍 갈아서 올리면 더 맛있어요.

# 올리브 옥수수솥밥

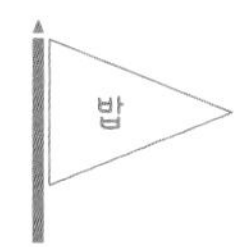


SNS에는 이미 초당옥수수를 활용한 레시피가 많아서 저는 넘어가야겠다고 생각하고 있었어요. 그런데 정말 실하고 맛있는 초당옥수수를 선물 받았지 뭐예요. 결국 저도 피해가지 못하고 간단한 메뉴 하나를 만들어 봤어요. 쌀에 옥수수를 넣고 올리브와 토마토소스를 추가하면 끝! 냄비 하나로 피자 느낌이 나는 이색적인 솥밥이 탄생했답니다. 추가로 피자치즈까지 올리면 더 고소해져서 아이들이 정말 좋아할 거예요.

▶ 재료

- 쌀 300g
- 초당옥수수 3개
- 방울토마토 600g
- 양송이버섯 150g
- 다진 소고기 300g
- 블랙올리브 슬라이스 적당량
- 밥물 300ml

▶ 양념

- 올리브유 2큰술
- 다진 마늘 1큰술
- 소금 1/2큰술
- 후춧가루 1/2큰술
- 설탕 2큰술
- 참치액 2큰술
- 케첩 2큰술

1. 쌀은 잘 씻어 20분간 불리고, 옥수수는 2등분해 칼로 알갱이를 분리하고, 토마토는 2등분하고, 버섯은 먹기 좋게 썰어요.
2. 냄비에 불린 쌀, 옥수수, 올리브, 옥수수대, 밥물을 넣어 뚜껑을 열고 센 불에서 끓이고, 팔팔 끓으면 뚜껑을 덮어 약불에서 10분간 끓인 뒤 3분간 뜸을 들여요.
3. 팬에 올리브유를 두르고 중불에서 다진 마늘을 30초간 볶은 뒤 소고기, 소금, 후춧가루를 넣어 고기 색이 변할 때까지 볶아요.
4. 토마토, 버섯을 넣고 토마토 껍질이 벗겨질 때까지 볶다가 설탕, 참치액, 케첩을 넣고 5분간 끓이며 졸여요.
5. 그릇에 옥수수밥을 담고 토마토소스를 올려 완성해요.

ⓘ 옥수수밥을 할 때 물 양은 불리지 않은 쌀과 물을 1:1 비율로 넣어요. 옥수수에서도 물이 나오니 물을 조금 적게 넣어도 괜찮아요.

ⓘ 기호에 따라 참기름, 참깨, 후춧가루를 뿌리고, 어른용 식사에는 고춧가루를 뿌려 먹어요.

# 삼계솥밥

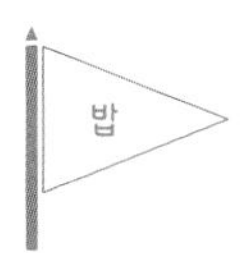


복날은 챙기고 싶은데 국물이 당기지 않는다면 이 요리를 추천해요. 바로 보양식 삼계솥밥이에요. 삼계탕은 오래 끓여야 해서 더운 날 만들기엔 쉽지 않은데, 솥밥은 비교적 짧은 시간에 간단히 만들 수 있어 좋아요. 닭고기뿐만 아니라 은행, 대추, 수삼 등 삼계탕에 들어가는 재료를 그대로 넣어 맛도 영양도 삼계탕에 뒤지지 않아요. 싱거우면 소금으로 간을 맞춰 드세요.

▶ 재료

- 쌀 420g
- 닭다릿살 500g
- 대파 2대
- 마늘 10개
- 은행 30개
- 대추 7개
- 수삼 3뿌리
- 밥물 540ml

▶ 양념

- 올리브유 2큰술
- 소금 1/2큰술
- 후춧가루 약간

**1** 쌀은 씻어 20분간 불리고, 대파는 송송 썰고, 마늘은 편으로 썰고, 대추는 씨를 제거해 채 썰어요.

**2** 냄비에 올리브유를 두르고 닭 껍질이 팬을 닿게 올린 뒤 소금, 후춧가루를 뿌려 중불에서 5분, 뒤집어서 3분간 노릇하게 구워 덜어 놔요.

**3** 같은 팬에 대파, 마늘을 넣고 1분간 볶다가 불린 쌀을 넣어 2분간 볶아요.

**4** 쌀 위에 대추, 은행, 수삼, 닭고기를 올리고 밥물을 부은 뒤 센 불에서 끓여요.

**5** 팔팔 끓으면 뚜껑을 덮어 약불에서 15분간 더 익혀요.

**6** 밥이 다 되면 수삼을 제거하고 닭고기를 먹기 좋게 자른 뒤 잘 저어 완성해요.

곤드레
감자솥밥

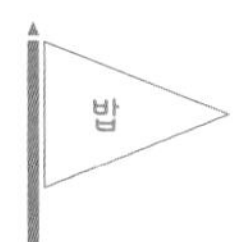


저녁을 먹고 마트를 한 바퀴 도는 중에 남편 눈에 곤드레가
띄었나 봐요. 곤드레밥을 해 먹자며 잽싸게 집어 오더라고요.
저도 좋아하는 메뉴라 오랜만에 먹고 싶은 마음에 자기 전에
곤드레를 불려 놨어요. 불린 쌀 위에 양념한 곤드레와 감자를 올려
밥을 짓는 동안 구수한 향이 피어올라 냄새부터 맛있는 거 있죠.
양념장에 쓱쓱 비벼서 오이고추와 함께 먹으면 정말 맛있어요.

▶ 재료
- 불린 쌀 300g
- 곤드레 100g
  불려서 물기 짠 무게
- 감자 5개
- 밥물 300ml

▶ 곤드레 양념
- 다진 마늘 1/2큰술
- 간장 2큰술
- 참기름 1큰술

▶ 양념장
- 쪽파 8줄기
- 맛술 1큰술
- 알룰로스 1큰술
- 간장 3큰술
- 참기름 1큰술
- 참깨 약간

1. 건조 곤드레는 끓는 물에 넣고 팔팔 끓기 시작하면 불을 꺼 그대로 6시간 불리고, 여러 번 물에 헹궈 물기를 꼭 짠 뒤 잘게 썰어요.
2. 곤드레는 곤드레 양념을 넣어 버무리고, 감자는 껍질을 벗겨 한입 크기로 깍둑 썰어요.
3. 양념장의 쪽파는 송송 썰고 나머지 양념장 재료를 넣어 잘 섞어요.
4. 냄비에 불린 쌀, 밥물을 넣고 감자, 곤드레를 올려 뚜껑을 덮고 센 불로 끓여요.
5. 팔팔 끓어오르면 중불에서 10분간 더 끓여 불을 끄고, 5분간 뜸을 들인 뒤 잘 섞어 양념장을 곁들여 완성해요.

ⓘ 건조 곤드레는 요리하기 전날 밤에 불려 놓고 자면 편해요.

ⓘ 감자는 너무 크지 않게 썰어야 골고루 잘 익어요. 밥 뜸을 들이기 전에 감자가 잘 익었는지 확인하고 불을 꺼요.

ⓘ 쌀을 불릴 때는 물에 담그지 않고, 씻어서 물기를 뺀 후 15~20분간 그대로 불려요.

미소덮밥

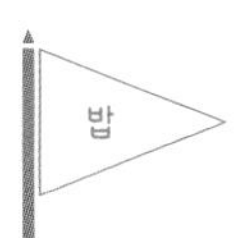


무더위가 절정인 한여름, 덥고 습할 때는 음식도 간단하게 만들 수밖에 없어요. 그래서 생각해 낸 메뉴가 미소덮밥이에요.
미소된장을 소스로 만들어 밥에 비벼 먹는 음식인데, 만드는 법은 너무너무 쉽지만 맛이 진해서 만족감이 크답니다. 미소소스를 한꺼번에 많이 넣으면 짤 수 있으니 간을 보며 조금씩 곁들이세요.
살짝 짭짤할 땐 오이와 함께 먹으면 궁합이 참 좋아요. 넉넉히 만들어서 구운 주먹밥에 소스를 발라 먹는 등 다양하게 활용해요.

▶ 재료
- 밥 5공기
- 대파 3대
- 달걀 5개
  1인당 1개

▶ 양념
- 올리브유 2큰술
- 다진 마늘 1/2큰술
- 설탕 2큰술
- 맛술 4큰술
- 미소된장 100g
- 참기름 약간
- 참깨 약간

1 대파는 송송 썰어요.

2 팬에 올리브유를 두르고 대파를 넣어 중불에서 5분간 볶아요.

3 다진 마늘을 넣어 1분간 볶다가 설탕, 맛술, 미소된장을 넣어 5분간 볶은 뒤 불을 꺼요.

4 달걀프라이를 만들어 밥 위에 올린 뒤 볶은 미소소스를 약간만 얹고 참기름, 참깨를 뿌려 완성해요.

ⓘ 볶아서 만든 미소소스는 짭짤한 편이니 밥에 조금씩 올린 다음 비벼가며 간을 맞춰요.

ⓘ 미소된장은 '마루코메 쿤고시' 제품을 사용했어요.

# 오이비빔밥

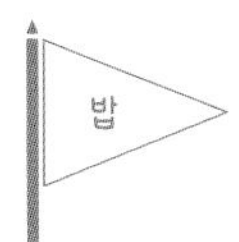


제 요리를 많이 접하신 분은 밥에 오이를 넣는 레시피가 익숙하시죠? 이 요리도 그중 하나인데요, 재료도 만드는 법도 간단할 뿐만 아니라 맛도 정말 좋아요. 결도훤 삼 형제도 무척 잘 먹는 메뉴랍니다. 절여서 아삭하게 씹히는 오이를 새콤하게 양념하고, 보슬보슬하게 익힌 소고기와 함께 밥에 비비면 새콤달콤 입맛 당기는 비빔밥을 만들 수 있어요. 특히 김에 싸 먹으면 더 맛있으니 김도 꼭 준비하세요.

▶ 재료
- 밥 5공기
- 오이 3개
- 다진 소고기 300g

▶ 양념
- 올리브유 1큰술
- 참기름 약간
- 참깨 약간

▶ 오이 양념
- 알룰로스 1큰술
  혹은 설탕
- 식초 3큰술

▶ 고기 양념
- 다진 마늘 1큰술
- 매실액 1큰술
- 맛술 1큰술
- 간장 3큰술
- 후춧가루 약간

**1** 소고기는 키친타월로 핏물을 제거하고, 오이는 길게 4등분해 깍둑 썰어요.

**2** 볼에 오이, 오이 양념을 넣고 버무려 20분간 절인 뒤 나온 물을 버려요.

**3** 볼에 소고기, 고기 양념을 넣고 잘 버무려요.

**4** 팬에 올리브유를 두르고 소고기를 넣고 중불에서 볶아 익힌 뒤 한 김 식혀요.

**5** 밥 위에 소고기, 오이를 올리고 참기름, 참깨를 뿌려 완성해요.

ⓘ 참깨를 곱게 갈아 듬뿍 올려 먹으면 맛있어요.

ⓘ 어른용 식사에는 청양고추를 송송 썰어 올려도 좋아요.

소보로덮밥

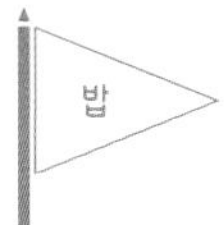


만드는 법은 간단한데 맛이 좋아 그런지 요즘은 덮밥이나 솥밥에 손이 자주 가요. 오늘은 소고기로 소보로덮밥을 만들면서 생강 향으로 포인트를 줬어요. 마지막에 부추를 넣고 살짝 볶았더니 느끼한 맛이 하나도 없더라고요. 남편은 양파와 면을 넣어 먹으면 짜장면 맛이 날 것 같다고 하네요. 아이들 방학 때는 소고기 소보로를 넉넉히 만들어 냉장고에 보관해 보세요. 조금씩 꺼내어 아이 밥에 비벼 주면 밥상 차리기가 훨씬 수월해져요.

▸ 재료

- 밥 5공기
- 다진 소고기 600g
- 당근 1/2개
- 부추 120g
- 생강 1톨
- 달걀 5개
  1인당 1개

▸ 양념

- 올리브유 4큰술
- 간장 5큰술
- 설탕 4큰술
- 후춧가루 1큰술
- 참깨 약간

1 소고기는 키친타월로 핏물을 제거해요.

2 당근은 잘게 썰고, 부추는 송송 썰고, 생강 1/2개는 편으로 썰고, 나머지 생강 1/2개는 다져요.

3 냄비에 올리브유를 두르고 편 썬 생강을 넣고 중불에서 3분간 볶아 기름을 낸 뒤 생강을 제거해요.

4 생강 기름에 소고기, 당근, 다진 생강, 간장, 설탕, 후춧가루를 넣고 수분이 없어질 때까지 12분간 볶아 불을 끈 뒤 부추를 넣어 잔열로 볶아요.

5 달걀프라이를 만들어 밥 위에 올린 뒤 볶은 재료를 얹고 참깨를 뿌려 완성해요.

ⓘ 소고기를 볶을 때 계속해서 젓지 않아도 돼요. 중불에서 바닥이 타지 않을 정도로만 뒤적여요.

# 가지솥밥

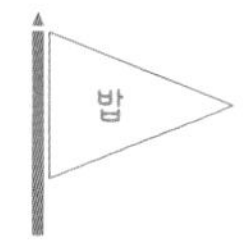


가지는 몸의 열을 내려주고 수분이 풍부해 더운 여름에 필수로 먹어야 하는 여름 제철 채소예요. 저는 밥에 가지뿐만 아니라 가지와 잘 어울리는 소고기를 넣어 든든한 솥밥을 만들었어요. 야들야들 보드랍게 익은 소고기 가지밥에 양념장을 넣어 살살 비벼 보세요. 모든 재료가 조화롭게 어우러져 정말 맛있답니다. 어른은 간장 양념장을 만들어 곁들이고, 아이는 미소덮밥(90쪽)의 미소소스와 함께 먹으면 좋아요.

▶ 재료
- 쌀 300g
- 소고기 300g
  불고기용
- 가지 2개
- 밥물 300ml

▶ 양념
- 올리브유 3큰술
- 참기름 약간
- 참깨 약간

▶ 고기 양념
- 간장 2큰술
- 맛술 2큰술
- 생강가루 1/2큰술
  혹은 후춧가루

▶ 어른용 양념장
- 다진 마늘 1/2큰술
- 고춧가루 1큰술
- 매실액 2큰술
- 참기름 2큰술
- 간장 2큰술
- 맛술 1큰술
- 송송 썬 청양고추 1개
- 참깨 약간

1. 쌀은 씻어 20분간 불리고, 소고기는 키친타월로 핏물을 제거한 뒤 고기 양념을 넣어 버무려요.

2. 가지는 큼직하게 썰고, 어른용 양념장 재료는 잘 섞어요.

3. 냄비에 올리브유를 두르고 중불에서 소고기를 볶다가 고기 색이 변하면 불린 쌀을 넣어 센 불에서 1분간 볶아요.

4. 가지를 올리고 밥물을 부은 뒤 뚜껑을 덮어 중불에서 10분, 약불에서 5분간 익혀요.

5. 그릇에 담아 아이용 식사에는 참기름, 참깨를 뿌리고, 어른용 식사에는 어른용 양념장을 곁들여 완성해요.

# 오야코동

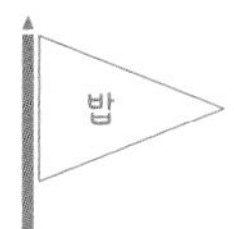


오늘 소개할 요리는 이름이 무시무시한 덮밥 오야코동이에요. '오야'는 부모, '코'는 자식이란 뜻이니 부모와 자식, 즉 닭과 달걀을 같이 먹는다는 뜻이랄까요? 오야코동에서 닭고기 대신 돼지고기나 소고기로 바꾸면 남남이라는 뜻의 타닌동(타인의 덮밥)으로 바뀐대요. 일본 덮밥의 세계는 정말 무궁무진한 것 같아요. 저는 쯔유 대신 간장을 넣어 만들었는데, 아이들 입맛에 맞춰 싱겁게 만들었으니 간을 보며 간장과 설탕 양을 가감하세요.

▶ 재료

- 밥 5공기
- 닭다릿살 600g
- 양파 2개
- 대파 2대
- 달걀 6개

▶ 양념

- 올리브유 2큰술
- 후춧가루 약간
- 참기름 약간
- 참깨 약간

▶ 멸치 육수

- 국물용 멸치 20마리
- 다시마 1장 손바닥크기
- 설탕 2큰술
- 간장 4큰술
- 맛술 2큰술
- 물 2L

1. 냄비에 육수 재료를 모두 넣고 중불에서 20~30분간 끓여 건더기를 제거해요.
2. 양파는 가늘게 채 썰고, 대파는 송송 썰고, 달걀은 잘 풀어요.
3. 넓은 냄비에 올리브유를 두르고 닭 껍질을 팬에 닿게 올린 뒤 중불에서 5분, 뒤집어서 3분간 노릇하게 구워 먹기 좋게 잘라요.
4. 양파, 후춧가루를 넣고 1분간 볶다가 건더기가 잠길 만큼 육수를 붓고 끓여요.
5. 끓어오르면 대파를 골고루 뿌리고 달걀물을 빙 둘러 부은 뒤 젓지 않고 그대로 반쯤 익혀 불을 꺼요.
6. 밥 위에 달걀을 올리고 참기름, 참깨를 뿌려 완성해요.

ⓘ 달걀을 반쯤 익힌 다음 나머지는 뚜껑을 열고 잔열로 익히면 더 부드러워요.

# 명란오이밥

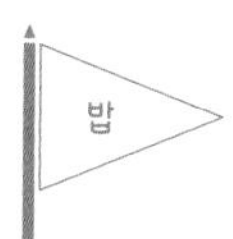


덥고 습해서 축축 처지는 여름날, 달아난 입맛을 돋우는 음식을 소개해요. 이미 많은 분에게 검증받은 수연이네표 오이밥에 명란을 더한 메뉴인데요, 상큼한 오이에 짭조름하고 고소한 명란이 무척 잘 어울려요. 씹을 때마다 사각사각 씹히는 오이와 톡톡 터지는 명란의 식감 또한 먹는 재미를 더해 준답니다. 기호에 따라 마요네즈를 곁들여 부드럽고 풍부한 감칠맛을 느껴 보세요.

▶ 재료

- 밥 5공기
- 명란 6개
  300g
- 오이 3개
- 대파 4대
- 오이고추 5개

▶ 양념

- 소금 1/2큰술
- 올리브유 1큰술
- 다진 마늘 1큰술
- 무염버터 30g
- 참기름 약간
- 참깨 약간

1 오이는 동그랗고 얇게 썰어 소금을 넣고 20분간 절인 뒤 헹구지 않고 물기를 꼭 짜요.

2 대파는 다지고, 고추는 송송 썰어요.

3 팬에 올리브유를 두르고 대파를 넣어 중불에서 2분간 볶다가 다진 마늘을 넣어 2분간 더 볶아요.

4 버터를 넣어 녹인 뒤 명란을 넣고 으깨어가며 중약불에서 5~8분간 볶아 익혀요.

5 밥 위에 절인 오이, 볶은 명란을 올리고 참기름, 참깨를 뿌린 뒤 어른용 식사에는 고추를 올려 완성해요.

ⓘ 명란은 1인당 1개 정도면 적당해요.

황태덮밥

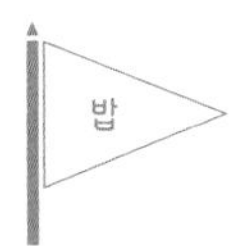


늘 국에 넣거나 구워 먹던 황태를 덮밥에 활용하면 색다른 맛을 즐길 수 있어요. 황태의 쫄깃쫄깃한 식감에 양념이 쏙쏙 잘 배어 간도 잘 맞아요. 저는 양배추를 넣어 아삭한 식감을 보태고, 보들보들 부드럽게 건져 먹을 수 있는 두부도 함께 넣고 졸였어요. 서로 다른 맛과 식감을 가진 세 가지 재료로 이색적인 덮밥을 완성해 보세요.

▶ 재료
- 밥 5공기
- 황태채 60g
- 대파 1/2대
- 양배추 320g
- 두부 500g

▶ 양념
- 올리브유 2큰술
- 소금 1/2큰술
- 후춧가루 1/2큰술+약간
- 참기름 약간

▶ 양념장
- 설탕 2큰술
- 간장 4큰술
- 후춧가루 약간
- 물 500ml

1. 황태채는 헹궈 먹기 좋게 썰고, 대파는 송송 썰고, 양념장은 잘 섞어요.
2. 양배추는 작은 한입 크기로 썰고, 두부는 네모나게 썬 뒤 키친타월로 물기를 제거해요.
3. 팬에 올리브유를 두르고 두부를 넣은 뒤 소금, 후춧가루를 뿌려 중약불에서 3분간 구워요.
4. 황태채, 대파, 양념장을 넣고 중약불에서 10~15분간 졸이듯 끓여요.
5. 양념이 자작해지면 양배추를 섞어 뚜껑을 덮고 1~2분간 익혀 불을 꺼요.
6. 밥 위에 황태볶음을 올리고 참기름, 후춧가루를 약간 뿌려 완성해요.

# 두부밥

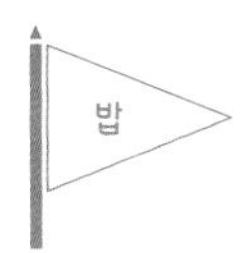


두부는 언제나 떨어지지 않도록 구비해 두는 필수 재료예요. 국이나 찌개에 넣고 부치거나 조림에 넣는 등 다양하게 활용할 수 있거든요. 오늘은 두부로 반찬으로 만들지 않고 밥을 지었어요. 미역과 새우도 넣고 참치액으로 간했더니 살짝 달착지근하면서도 맛이 부드러워 아이들도 잘 먹어요. 남편은 다이어트식 같다며 한 그릇을 다 비웠네요. 살짝 심심한 편이니 간장이나 양념장, 젓갈과 함께 드세요.

▶ 재료
- 쌀 300g
- 두부 500g
- 마른 미역 40g
- 새우살 450g
- 밥물 300ml

▶ 양념
- 참치액 2큰술
- 맛술 1큰술
- 참기름 약간
- 참깨 약간

**1** 미역은 찬물에 담가 20분간 불려 헹군 뒤 물기를 꼭 짜요.

**2** 전기밥솥에 쌀을 넣고 두부를 으깨어 넣은 뒤 불린 미역, 새우, 참치액, 맛술, 밥물을 넣어요.

**3** 잡곡밥이나 영양밥 모드로 밥을 지어 잘 섞은 뒤 그릇에 담아 참기름, 참깨를 뿌려 완성해요.

ⓘ 참치액으로만 간해서 매우 슴슴한 편이니 기호에 따라 간장을 곁들여요.

전복
묵은지솥밥

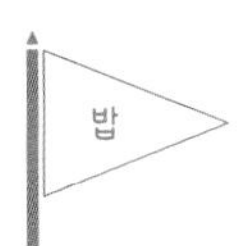


비가 오다가 맑다가 흐리다가 종잡을 수 없는 날씨 때문에 피곤한 요즘, 아이들도 지친 것 같아 하원 후에 일찍 재웠어요. 온 가족이 기운 차릴 수 있도록 보양식 메뉴를 고민하던 중, 어머님이 보내 주신 묵은지가 떠올라 전복묵은지솥밥을 만들었어요. 묵은지와 김가루를 넣었더니 따로 반찬을 챙기지 않아도 밸런스가 딱 맞아요. 간단히 만드는 보양식 한 그릇이 우리 가족, 힘낼 수 있도록 도와줄 거예요.

▶ 재료

- 쌀 300g
- 전복 6마리
  내장 사용
- 묵은지 1/2포기
- 미나리 50g
- 밥물 300ml

▶ 양념

- 버터 40g
- 설탕 1/2큰술
- 맛술 1큰술
- 3배농축 쯔유 2큰술
- 참기름 약간
- 참깨 약간

1 쌀은 씻어 20분간 불리고, 전복은 손질해 살, 내장을 한입 크기로 썰어요.

2 미나리는 잘게 썰고, 묵은지는 양념을 씻어 작게 썰어요.

3 냄비에 버터를 녹이고 전복, 내장, 묵은지를 넣고 볶다가 설탕을 넣고 볶아 덜어 놔요.

4 같은 냄비에 불린 쌀을 넣고 볶은 재료를 골고루 올린 뒤 밥물, 맛술, 쯔유를 넣고 뚜껑을 덮어 센 불에서 끓여요.

5 팔팔 끓으면 중불로 줄인 뒤 뚜껑을 덮어 10분간 익히고, 미나리를 올려 다시 뚜껑을 덮고 약불에서 10분간 익혀요.

6 밥을 잘 섞어 그릇에 담고 참기름, 참깨를 뿌려 완성해요.

ⓘ 전복 2개는 썰지 않고 칼집만 낸 다음 ⑤번 과정 중 약불에서 익힐 때 밥 위에 올려 찌듯이 익혀도 좋아요.

토마토
오리덮밥

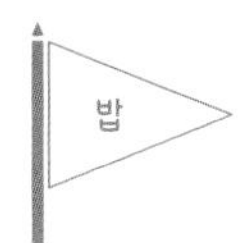


시판 토마토소스는 주로 파스타나 피자를 만들 때 쓰셨죠? 이제부터는 덮밥 소스에도 활용해 보세요. 토마토소스는 의외로 밥과도 궁합이 좋아 감칠맛 나는 덮밥을 만들 수 있어요. 저는 오리고기를 더했으니 맛이 없을 수가 없겠죠? 오리고기가 없다면 닭고기 등 다른 재료를 넣어도 괜찮아요. 이국적이면서 풍부한 맛이 좋아 어른도 아이도 모두 잘 먹어요. 어른은 꼭 청양고추를 넣어서 매콤한 맛도 함께 즐겨요.

▶ 재료

- 밥 5공기
- 생오리슬라이스 600g
- 시판 토마토라구소스 2개 792g
- 양파 2개
- 대파 1대
- 미니새송이버섯 300g
- 깻잎 20장

▶ 양념

- 올리브유 2큰술
- 다진 마늘 1큰술
- 소금 약간
- 후춧가루 약간
- 참치액 1큰술

1 양파는 채 썰고, 대파, 버섯, 깻잎은 먹기 좋게 썰어요.

2 팬에 올리브유를 두르고 다진 마늘, 대파를 넣어 중불에서 1분간 볶다가 양파, 버섯을 넣고 1분간 볶아요.

3 오리고기, 소금, 후춧가루를 넣고 고기가 익을 때까지 볶아요.

4 라구소스, 참치액을 넣고 계속 저어가며 약불에서 5분간 뭉근하게 졸인 뒤 불을 끄고 깻잎을 섞어 잔열로 익혀요.

5 밥 위에 오리라구소스를 듬뿍 얹어 완성해요.

ⓘ 라구소스는 '라구 올드월드스타일 트레디셔널 파스타소스'를 사용했어요.

ⓘ 달걀프라이를 만들어 곁들이면 잘 어울려요.

ⓘ 어른용 식사에는 청양고추 1~2개를 송송 썰어 올려요.

새싹연어밥

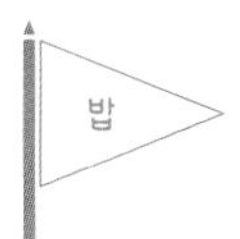


수영 후에 온 가족이 허겁지겁 맛있게 먹은 새싹연어밥을 소개해요. 물론 수영장에 다녀온 날에는 무얼 먹든 꿀맛이겠지만, 새싹연어밥은 언제 먹어도 너무 맛있어요. 따끈한 밥 위에 달콤 짭조름하게 졸인 연어를 올린 다음 살살 부수어가며 비벼 보세요. 밥에 양념이 쏙 배고 양파와 새싹채소가 어우러져 고소한 맛과 신선한 맛을 함께 느낄 수 있어요. 연어를 좋아하지 않는 남편도 연어를 다시 보게 되었다고 할 정도로 맛을 보장하는 메뉴랍니다.

▶ 재료
- 밥 5공기
- 연어 500g
- 양파 1개
- 새싹채소 300g

▶ 양념
- 올리브유 2큰술
- 참기름 약간
- 참깨 약간

▶ 소스
- 다진 마늘 1큰술
- 설탕 2큰술
- 간장 2큰술
- 쯔유 2큰술
- 맛술 1큰술
- 물 100ml

1. 양파는 채 썰고, 새싹채소는 물기를 빼고, 연어는 씻어 물기를 제거한 뒤 굽기 좋은 크기로 큼직하게 썰어요.
2. 소스 재료는 잘 섞어요.
3. 팬에 올리브유를 두르고 연어를 올린 뒤 사방을 노릇하게 굽고, 양파를 넣고 소스를 부어 중불에서 10분간 졸이듯 끓여요.
4. 밥 위에 새싹채소를 얹고 연어, 양파, 소스를 올린 뒤 참기름, 참깨를 뿌려 완성해요.

ⓘ 어른용 식사에는 청양고추를 송송 썰어 올려요.

# 숙주덮밥

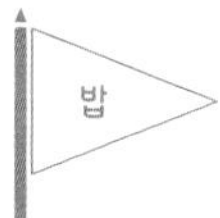


얼마 전 나시고렝을 먹는데 아삭하게 씹히는 숙주가 너무 맛있더라고요. 그래서 숙주를 듬뿍 넣어 덮밥을 만들어 봤어요. 먼저 다진 돼지고기를 달달 볶아 맛있는 맛을 끌어올리고, 그 다음 숙주를 넣어 아삭함이 살아 있도록 볶았어요. 저는 참치액으로 간하고 생강가루도 살짝 넣었는데, 생강가루가 없다면 맛술 1큰술을 더 넣어 주세요. 먹다 보니 달걀을 함께 볶아 스크램블드에그를 곁들여도 잘 어울릴 것 같아요. 여러분도 다양한 재료를 추가해 아삭한 덮밥 한 그릇을 즐겨 보세요.

▶ 재료

- 밥 5공기
- 숙주 560g
- 다진 돼지고기 300g
- 쪽파 4줄기

▶ 양념

- 올리브유 2큰술
- 맛술 1큰술
- 생강가루 10g
  혹은 맛술 1큰술
- 후춧가루 약간
- 참치액 2큰술
- 참기름 약간

1 돼지고기는 키친타월로 감싸 핏물을 제거하고, 숙주는 씻어 물기를 빼고, 쪽파는 송송 썰어요.

2 팬에 올리브유를 두르고 돼지고기, 맛술, 생강가루, 후춧가루를 넣은 뒤 고기 색이 변할 때까지 센 불로 볶아요.

3 숙주를 넣고 볶아 숨이 죽으면 가위로 먹기 좋게 자른 뒤 참치액을 넣고 5분간 볶아요.

4 불을 끄고 쪽파, 참기름을 섞은 뒤 밥 위에 올려 완성해요.

ⓘ 어른은 기호에 따라 고춧가루를 뿌려 매콤하게 먹어요.

닭고기솥밥
ceriz
ceriz
ceriz

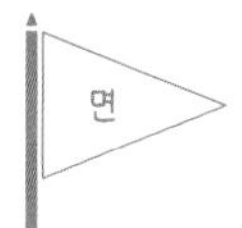


아이들 놀이방을 꾸미느라 힘을 좀 썼더니 몸보신 좀 해야겠더라고요. 닭기름과 닭고기를 넣고 밥을 지어 먹는 태국 요리 카오만까이를 참고해서 닭고기솥밥을 만들어 봤어요. 이렇게만 먹어도 맛있지만 마지막에 달콤한 간장 양념과 오이를 곁들여 보세요. 담백한 맛에 산뜻한 맛이 더해져 훨씬 맛있어요. 여러분도 힘이 솟는 솥밥 드시고 행복한 하루 보내세요!

▶ 재료
- 찹쌀 300g
- 닭다릿살 650g
- 오이 2개
- 대파 1대
- 다시마 1장
  손바닥 크기
- 밥물 300ml

▶ 양념
- 맛술 2큰술
- 참기름 약간
- 참깨 약간

▶ 양념장
- 설탕 2큰술
- 간장 4큰술
- 식초 2큰술
- 후춧가루 1/2큰술
- 물 4큰술

1 찹쌀은 잘 씻어 물기를 빼 20분간 불리고, 양념장 재료는 잘 섞어요.

2 오이는 둥글고 얇게 썰고, 대파는 반 갈라 먹기 좋게 썰어요.

3 냄비에 쌀-대파-닭고기 순으로 올린 뒤 다시마, 밥물, 맛술을 넣고 뚜껑을 덮어 센 불에서 끓여요.

4 팔팔 끓으면 다시마를 제거하고 다시 뚜껑을 덮어 약불에서 15~20분간 익힌 뒤 5분간 뜸을 들여요.

5 대파는 제거하고 닭고기를 먹기 좋게 썬 뒤 밥을 잘 젓고, 그릇에 밥, 닭고기, 오이를 담고 참기름, 참깨를 뿌려 양념장을 곁들여 완성해요.

ⓘ 밥을 지을 때 대파 위에 닭고기를 얹어야 닭에 대파 향이 스며들어요.

ⓘ 오이는 취향에 따라 써는 두께나 방법을 달리해요.

# 낫토덮밥

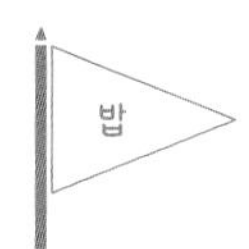


여러분은 낫토를 좋아하시나요? 저는 특유의 맛과 향 때문에 조금 거부감이 들었는데, 건강에 좋다고 해서 자주 먹으려고 노력해요. 저처럼 낫토가 익숙하지 않은 분들은 덮밥으로 시작해 보세요. 미끈거리는 식감이 없도록 낫토에 달걀을 섞고 대파를 함께 넣었더니 낫토 향이 중화되어 먹기 편해요. 아이들은 어릴 때부터 낫토를 먹었더니 거부감 없이 잘 먹네요.여러분도 몸에 좋은 낫토로 건강을 챙겨 보세요.

▶ 재료
- 밥 5공기
- 낫토 6팩
- 대파 1대
- 달걀 7개

▶ 양념
- 쯔유 4큰술
- 올리브유 3큰술
- 후춧가루 1/2큰술
- 참기름 적당량
- 참깨 약간

**1** 대파는 송송 썰고, 달걀은 잘 풀어요.

**2** 달걀물에 낫토, 대파, 쯔유를 넣어 잘 섞어요.

**3** 팬에 올리브유를 두르고 달걀물을 부어 후춧가루를 뿌린 뒤 뚜껑을 덮어 중약불에서 3분간 익혀요.

**4** 달걀이 몽글몽글하게 익으면 불을 끄고 참기름을 둘러 가볍게 섞어요.

**5** 밥 위에 낫토달걀을 올리고 참기름, 참깨를 뿌려 완성해요.

Part 3

식탁이 푸짐해지는

# 찜 & 조림, 구이 & 볶음

오삼불고기

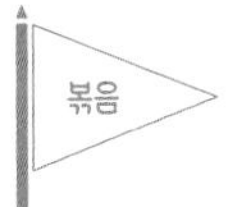


오징어와 돼지고기 그리고 콩나물, 최상의 재료 조합으로 만든 수연이네 오삼불고기예요. 저는 삼겹살 대신 앞다릿살을 사용했더니 양념이 쏙쏙 잘 배고 식감이 보들보들해서 아이들도 먹기 좋았어요. 오징어와 고기 외에도 콩나물과 파프리카, 양파도 맛있게 익어서 밥에 비벼도 맛있고, 상추쌈을 싸도 잘 어울려요. 앞다릿살을 썼지만 오삼불고기라는 말이 입에 착 붙으니 이 메뉴는 오삼불고기로 부를게요.

▶ 재료
- 오징어 3마리
- 돼지고기 앞다릿살 500g
  불고기용
- 콩나물 300g
- 파프리카 2개
- 양파 1개
- 대파 3대

▶ 양념
- 올리브유 2큰술
- 다진 마늘 2큰술
- 설탕 2큰술

▶ 고기 양념
- 간장 2큰술
- 맛술 1큰술
- 매실액 1큰술
- 굴소스 1 큰술
- 생강가루 1/2큰술

▶ 오징어 양념
- 맛술 1큰술
- 간장 2큰술
- 참기름 1큰술
- 후춧가루 1/2큰술

**1** 콩나물은 물기를 빼고, 파프리카, 양파, 대파는 채 썰고, 오징어는 먹기 좋게 썰어요.

**2** 팬에 올리브유를 두르고 다진 마늘을 넣어 중불에서 1분간 볶다가 돼지고기, 설탕을 넣고 고기 색이 변할 때까지 3분간 볶아요.

**3** 고기 양념 재료를 모두 넣고 3분간 볶다가 파프리카, 양파, 대파를 넣어 대파의 숨이 죽을 때까지 볶아요.

**4** 오징어, 콩나물을 넣고 오징어 양념을 넣은 뒤 오징어가 익을 때까지 볶아 완성해요.

ⓘ 돼지고기는 불고기용이나 목살 또는 대패삼겹살을 사용해도 맛있어요.

새우마요

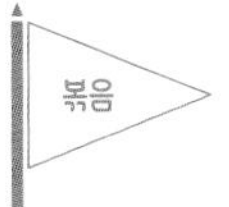


외식을 했거나 기름진 음식을 먹고 난 다음날에는 조금 가볍게 먹으려고 노력해요. 어제는 중복이라 든든한 보양식을 먹었으니 오늘은 새우와 애호박으로 산뜻한 요리를 만들 거예요. 재료를 볶기만 하면 끝나는 초간단 요리지만, 저만의 비법인 마요네즈 양념 덕분에 입에 착착 붙어요. 어른용 식사에는 고추냉이를 넣으면 훨씬 맛있으니 꼭 곁들여 드세요. 첫째 결이도 고추냉이를 넣은 것이 더 맛있다고 하니 어느새 이렇게 자란 걸까요?

▶ 재료
- 새우 500g
- 애호박 2+1/2개
- 쪽파 10줄기

▶ 양념
- 올리브유 2큰술
- 참기름 2큰술
- 맛술 1큰술
- 간장 2큰술
- 마요네즈 4큰술
- 후춧가루 1/2큰술
- 고추냉이 적당량

**1** 새우는 씻어 내장을 뺀 뒤 물기를 제거하고, 애호박은 큼직하게 썰고, 쪽파는 송송 썰어요.

**2** 팬에 올리브유, 참기름을 두르고 새우를 넣어 중불에서 3분간 볶아요.

**3** 새우 색이 변하면 애호박을 넣어 두세 번 뒤적인 뒤 뚜껑을 덮어 5분간 익혀요.

**4** 맛술, 간장, 마요네즈, 후춧가루를 넣고 5분간 볶은 뒤 쪽파를 뿌리고, 어른용 식사에는 고추냉이를 곁들여 완성해요.

# 로제찜닭

어제저녁에 첫째 결이가 뜬금없이 치킨이 먹고 싶대요. 아침부터 치킨을 먹기에는 부담스러워서 감자를 듬뿍 넣은 로제찜닭으로 대신했어요. 뼈 없는 닭다릿살로 만드니 먹기도 편하고 쫄깃쫄깃한 맛이 너무 좋더라고요. 간장찜닭도 맛있지만 가끔은 시판 토마토소스와 우유, 치즈로 로제소스를 만들어 아이들에게 특식을 선물하세요.

▶ 재료
- 닭다릿살 400g
- 당근 2개
- 감자 2개
- 양파 2개
- 대파 2대
- 느타리버섯 2줌
  생략 가능
- 시판 토마토라구소스 1개
  396ml
- 우유 250ml
- 슬라이스치즈 3장

▶ 양념
- 올리브유 2큰술
- 다진 마늘 1큰술
- 소금 약간
- 후춧가루 약간
- 맛술 1큰술
- 참치액 1큰술

1 당근, 감자는 반달 모양으로 썰고, 양파, 대파는 채 썰고, 버섯은 가닥가닥 뜯어요.

2 팬에 올리브유를 두르고 다진 마늘을 넣어 중불에서 30초간 볶다가 대파를 넣어 1분간 볶아요.

3 대파를 팬 한쪽으로 밀어 두고 닭 껍질을 팬에 닿게 올린 뒤 중불에서 5분, 뒤집어서 3분간 노릇하게 구워 먹기 좋게 잘라요.

4 당근, 감자, 양파, 버섯, 소금, 후춧가루, 맛술을 넣고 5분간 볶아요.

5 라구소스, 우유를 넣고 잘 섞은 뒤 뚜껑을 덮어 8~10분간 끓이며 중간중간 뒤적여요.

6 치즈, 참치액을 넣고 3분간 졸이듯이 끓여 완성해요.

ℹ 라구소스는 '라구 올드월드스타일 트레디셔널 파스타소스'를 사용했어요. 일반 토마토소스를 사용해도 좋아요.

# 어향가지

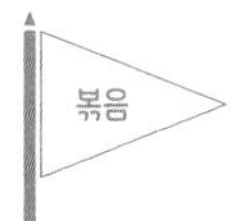


제가 다양한 가지 요리, 많이 알려 드렸죠? 지삼선, 덮밥, 카레 등도 맛있지만 어향가지도 빼놓을 수 없어요. 어향가지는 가지에 전분가루를 묻혀 튀기는 음식이지만, 저는 튀기는 과정이 번거로워서 에어프라이어에 구웠어요. 튀김보다 바삭함은 덜한데 가지 속이 크림처럼 부드럽게 스르륵 녹아서 정말 맛있답니다. 몸에 좋고 맛도 좋은 가지로 매일매일 다양한 요리를 즐겨 보세요.

▶ 재료
- 가지 4개
- 다진 돼지고기 300g
- 양파 2~3개
- 애호박 1개
  생략 가능
- 대파 3대

▶ 양념
- 소금 약간
- 후춧가루 약간
- 올리브유 4큰술
- 다진 마늘 2큰술
- 참기름 약간
- 참깨 약간

▶ 양념장
- 설탕 2큰술
- 생강가루 1/2큰술
- 케첩 2큰술
- 간장 4큰술
- 식초 1~2큰술
- 매실액 4큰술
- 후춧가루 약간
- 물 2큰술

▶ 전분물
- 전분가루 2큰술
- 물 6큰술

1 가지는 큼직하게 썰어 소금, 후춧가루를 뿌린 뒤 에어프라이어 200℃에서 10분, 뒤집어서 10분간 구워요.

2 돼지고기는 키친타월로 핏물을 제거하고, 양파, 애호박은 굵게 다지고, 대파는 송송 썰어요.

3 양념장 재료는 잘 섞어요.

4 팬에 올리브유를 두르고 다진 마늘을 넣어 중불에서 1분간 볶다가 대파를 넣어 1분, 양파를 넣어 1분간 더 볶아요.

5 돼지고기를 넣어 볶다가 고기 색이 변하면 애호박을 넣어 1분간 볶은 뒤 양념장을 넣어 5분간 볶아요.

6 전분물 재료를 섞은 뒤 어향가지에 2큰술을 넣어 1분간 볶고, 참기름, 참깨를 뿌려 완성해요.

ⓘ 어른용 식사에는 송송 썬 청양고추를 곁들여요.

ⓘ 마늘, 대파, 양파를 먼저 볶은 다음 고기를 볶으면 채소의 향이 고기에 스며들어 고기의 잡냄새를 없애 줘요.

# 미소 대구구이

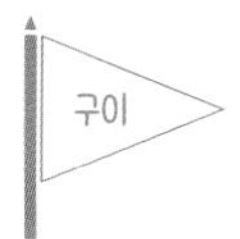


가지, 토마토, 감자 등 다양한 채소 요리를 많이 만들었으니,
오랜만에 생선 요리에 도전해 봤어요. 담백한 대구살에
마요네즈를 섞은 미소소스를 발라 에어프라이어에 구우면
담백하면서도 짭조름한 생선 요리가 금세 완성돼요. 대구살은
명절 때 자주 사용하는 포 뜬 대구살을 사용했는데, 연어, 가자미,
삼치, 명태 등 향이 강하지 않은 생선이면 모두 잘 어울려요.
보리굴비처럼 녹차에 밥을 말아 함께 먹으면 정말 맛있답니다.

▶ 재료
- 포 뜬 대구살 800g
- 쪽파 1줄기

▶ 양념
- 참기름 약간
- 참깨 약간

▶ 미소소스
- 설탕 2큰술
- 맛술 2큰술
- 미소된장 6큰술
- 마요네즈 4큰술
- 후춧가루 약간
- 참깨 약간

**1** 미소소스 재료는 잘 섞어요.

**2** 대구는 가볍게 헹궈 키친타월로 물기를 제거하고, 쪽파는 송송 썰어요

**3** 대구살에 미소소스를 앞뒤로 바르고, 에어프라이어 200℃에서 8분간 구워요.

**4** 그릇에 담아 쪽파를 뿌리고 참기름, 깨를 뿌려 완성해요.

# 토마토 두부볶음

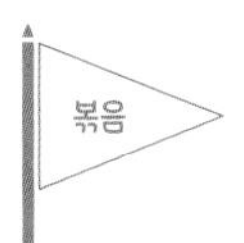


불 앞에 오래 서 있기 힘든 날에는 토마토두부볶음을 만들어 보세요. 단백질이 풍부한 두부, 비타민과 라이코펜이 풍부한 토마토만으로 영양이 가득하고 맛이 풍부한 요리 하나를 뚝딱 만들 수 있어요. 버터와 들깻가루를 넣었더니 요리에 풍미가 가득하고, 부드러움과 고소함 사이에 토마토의 상큼함이 더해져 느끼함 없이 먹을 수 있어요. 오이와 오이고추를 곁들여 먹으면 건강하고 싱그러운 밥상을 완성할 수 있답니다.

▶ 재료
- 두부 500g
- 방울토마토 20개
- 대파 2대

▶ 양념
- 올리브유 2큰술
- 버터 30g

▶ 양념장
- 들깻가루 2큰술 듬뿍
- 간장 2큰술
- 굴소스 1큰술
- 후춧가루 약간
- 물 3큰술

1 두부는 한입 크기로 깍둑 썰고, 토마토는 2등분하고, 대파는 송송 썰어요.

2 양념장 재료는 잘 섞어요.

3 팬에 올리브유를 두른 뒤 버터를 녹이고 대파를 넣어 중불에서 1분간 볶아요.

4 토마토를 넣고 3분간 볶다가 두부, 양념장을 넣고 약불에서 3~5분간 졸이듯 볶아 완성해요.

# 등갈비찜

고기를 안 먹는 아이도 바쿠테 갈비는 5개씩 뜯는다는 후기를 보고 등갈비 요리를 하나 더 만들어 봤어요. 짭조름하면서도 달착지근한 간장 양념으로 푹 조리니 국물이 있는 바쿠테와는 또 다른 매력이 있어요. 등갈비와 함께 넣은 버섯과 콩나물은 양념이 잘 배어 반찬처럼 먹기에도 좋아요. 뼈에 붙은 고기 뜯는 걸 즐기는 삼 형제에게 등갈비찜도 합격점을 받았으니 바쿠테를 좋아하는 아이들에게 꼭 만들어 주세요.

▶ 재료
- 등갈비 1.2kg
- 새송이버섯 400g
- 콩나물 200g
- 대파 2대
- 물 200ml

▶ 양념장
- 다진 마늘 2큰술
- 설탕 3큰술
- 생강가루 1/2큰술
- 간장 4큰술
- 매실액 3큰술
- 맛술 2큰술
- 들기름 2큰술
- 후춧가루 1/2큰술
- 물 150ml

1 등갈비는 끓는 물에 넣고 5분간 데친 뒤 흐르는 물에 씻어 물기를 빼요.

2 버섯, 대파는 막대 모양으로 썰고, 콩나물은 2등분하고, 양념장 재료는 잘 섞어요.

3 냄비에 대파를 깔고 등갈비, 양념장, 물 100ml를 넣고 뚜껑을 덮어 센 불에서 5분간 끓여요.

4 양념과 재료를 잘 뒤적인 뒤 다시 뚜껑을 덮어 중불에서 20분간 끓여요.

5 버섯, 콩나물, 물 100ml를 넣고 뚜껑을 덮어 다시 10분간 끓여요.

6 약불에서 양념이 없어질 때까지 재료를 섞어가며 졸여 완성해요.

지삼선

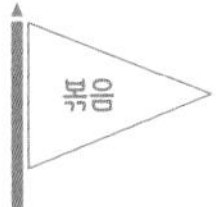


지삼선은 땅에서 자라는 세 가지 채소로 만드는 중국 요리예요. 보통 감자, 피망, 가지로 만드는데, 특히 가지에 전분가루를 묻혀 튀기면 겉은 바삭하고 속은 촉촉해서 정말 맛있어요. 저는 복잡한 튀김 대신 간단히 볶음으로 변형했는데요, 포슬포슬한 감자, 소스를 푹 머금은 가지, 아삭한 파프리카의 궁합이 좋아 튀기지 않아도 충분히 만족스러워요. 소스에 전분을 넣지 않고 만들어 냉장 보관해도 맛있으니 남은 지삼선은 반찬으로 활용해요.

▶ 재료
- 가지 6개
- 감자 2개
- 파프리카 3개
- 대파 2대

▶ 양념
- 올리브유 3큰술
- 다진 마늘 1큰술

▶ 양념장
- 설탕 2+1/2큰술
- 식초 2큰술
- 간장 4큰술
- 굴소스 3큰술
- 물 3큰술

1 가지, 감자는 도톰한 반달 모양으로 썰고, 파프리카는 네모나게 썰고, 대파는 송송 썰어요.

2 양념장 재료는 잘 섞어요.

3 팬에 올리브유를 두르고 감자를 넣어 센 불에서 1분간 볶다가 한쪽으로 밀어 두고, 다진 마늘, 대파를 넣어 30초간 볶아요.

4 가지, 파프리카를 넣은 뒤 약불에서 가지의 숨이 죽을 때까지 볶아요.

5 양념장을 넣고 감자가 익을 때까지 졸이듯이 익혀 완성해요.

가지는 처음에는 기름을 흡수하다가 익으면서 수분과 기름을 뱉어내요. 가지가 어느 정도 익었는데도 기름이 부족하다 싶으면 올리브유 1큰술 정도를 추가해도 좋아요.

# 크림함박

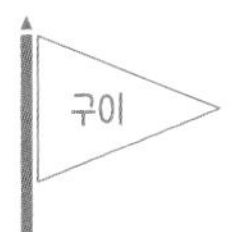


오늘은 드디어 결도훤 삼 형제의 자전거대회! 날씨도 좋고
아이들 컨디션도 좋아 너무 다행이에요. 대회에 나가는 아이들이
든든하게 먹고 힘을 낼 수 있도록 크림함박을 준비했어요.
돼지고기와 소고기를 섞은 고기 반죽에 대파 향이 은은한
크림소스를 뿌려 먹으면 처음부터 끝까지 부드럽게 잘 넘어가요.
맛도 있는 데다 속을 따끈하고 든든하게 채워 주니 우리 아이들,
힘을 내어 자전거를 탈 수 있겠죠?

▶ 재료
- 양파 1개
- 대파 2대
  흰 부분
- 양송이버섯 10개
- 오트밀 80g
- 우유 500ml
- 슬라이스치즈 3장

▶ 양념
- 버터 80g
- 참치액 2큰술
- 후춧가루 약간
- 파슬리가루 약간

▶ 함박 반죽
- 다진 돼지고기 300g
- 다진 소고기 300g
- 다진 마늘 1~2큰술
- 소금 1/2큰술
- 후춧가루 1/2큰술
- 생강가루 1/2큰술

1 볼에 함박 반죽 재료를 넣고 잘 치댄 뒤 동글납작하게 빚어요.

2 양파, 대파는 다지고, 양송이버섯은 얇게 썰어요.

3 팬에 버터 50g을 녹여 패티를 올린 뒤 앞뒤로 노릇하게 굽고, 뚜껑을 덮어 속까지 익혀 그릇에 덜어 놔요.

4 같은 팬에 버터 30g을 녹여 대파, 양파를 5분간 볶고, 버섯, 오트밀, 우유, 치즈, 참치액, 후춧가루를 넣어 원하는 소스 농도가 될 때까지 끓여요.

5 그릇에 패티를 담고 소스를 얹은 뒤 파슬리가루를 뿌려 완성해요.

ⓘ 오트밀이 없다면 전분가루와 물을 1:3 비율로 섞은 전분물을 만들어 농도를 맞춰요. (전분가루 1큰술, 물 3큰술)

오리불고기

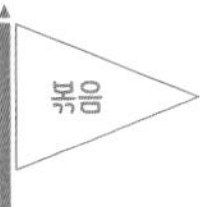


저는 빨간 양념에 매콤하게 볶은 오리불고기를 좋아하지만, 오늘은 아이들과 함께 먹기 위해 매운 양념을 양보했어요. 고추장과 고춧가루 대신 된장을 넣고 깻잎을 듬뿍 넣었는데, 구수한 맛이 오리고기와 잘 어울리더라고요. 저는 매콤함을 더하고 싶어 풋고추와 함께 먹었어요. 빨간 불고기를 원한다면 동량의 오리고기에 고추장 3큰술, 고춧가루 1큰술을 추가해서 볶아 드세요.

▶ 재료

- 생오리슬라이스 400g
- 양배추 200g
- 양파 1개
- 대파 2대
- 깻잎 16장

▶ 양념

- 올리브유 2큰술
- 들깻가루 3큰술 듬뿍
- 참기름 약간
- 참깨 약간

▶ 고기 양념

- 다진 마늘 1큰술
- 설탕 2큰술
- 간장 4큰술
- 된장 1/2큰술
- 생강가루 1/2큰술
- 후춧가루 1/2큰술

**1** 오리고기는 고기 양념 재료를 넣어 버무리고, 양배추는 먹기 좋게 썰고, 양파, 대파, 깻잎은 채 썰어요.

**2** 팬에 올리브유를 두르고 양파, 양배추를 골고루 올린 뒤 오리고기를 얹어 중불에서 볶아요.

**3** 채소에서 물이 나오면 섞어가며 볶다가 대파, 깻잎을 넣고 고기가 완전히 익을 때까지 볶아요.

**4** 들깻가루를 넣고 1분간 더 볶은 뒤 참기름, 참깨를 뿌려 완성해요.

ⓘ 매콤하게 먹고 싶다면 아이용 오리불고기를 덜어 둔 다음 어슷하게 썬 청양고추 2개를 넣고 살짝 볶아 어른용으로 만들어도 좋아요

가지닭갈비

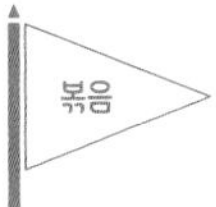


어머님이 텃밭에서 직접 기르신 가지를 가득 보내 주셔서 닭갈비에도 가지를 넣어 봤어요. 이름하여 수연식 가지닭갈비! 전자레인지를 사용해 가지를 살짝 익혀 넣었더니 조리 시간은 줄고 가지의 식감은 더 쫄깃해졌어요. 만약 아이가 가지를 좋아하지 않는다면 껍질을 벗겨 만들어 보세요. 훨씬 쉽게 먹을 수 있을 거예요. 닭갈비 양념장뿐만 아니라 어향가지(126쪽) 양념과도 잘 어울리니 가지가 많이 나는 철에 꼭 만들어 보세요.

▶ 재료
- 닭다릿살 700g
- 가지 4개
- 대파 1대

▶ 양념
- 올리브유 2큰술
- 참기름 약간
- 참깨 약간
- 고춧가루 약간

▶ 양념장
- 다진 마늘 1큰술
- 설탕 1큰술
- 간장 3큰술
- 맛술 1큰술
- 매실액 2큰술
- 후춧가루 1/2큰술
- 물 4큰술

1 가지는 큼직하게 썰고, 대파는 송송 썰어요.

2 전자레인지 용기에 키친타월을 깔고 가지를 올린 뒤 3분 30초간 가열해 익히고, 익힌 가지는 한 김 식혀요.

3 팬에 올리브유를 두르고 닭 껍질을 팬에 닿게 올린 뒤 중불에서 5분, 뒤집어서 3분간 노릇하게 구워 먹기 좋게 잘라요.

4 양념장 재료를 모두 넣고 1분간 볶다가 가지를 넣어 2분간 볶고, 대파를 넣어 30초간 볶아 불을 꺼요.

5 참기름, 참깨를 뿌리고 어른용 식사에는 고춧가루를 곁들여 완성해요.

ⓘ 양념장의 매실액 2큰술 대신 설탕이나 올리고당 1큰술을 넣어도 돼요.

# 대패 간장조림

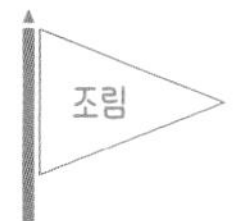


마트에 햇무가 보이는데 그냥 지나칠 수가 없어서 하나 집어 왔어요. 무는 너무 얇게 썰면 뭉개지니 살짝 도톰하게 썰고, 조림의 맛을 고급스럽게 해 주는 생강은 채 썰고, 대파는 큼직하게 썰어 준비해요. 뭉근한 불에서 졸이다 보면 무가 점점 투명해지며 맛있는 빛깔로 변해요. 전분물로 약간의 농도를 맞추면 조림 국물이 진해져서 밥과 궁합이 잘 맞아요.

▶ 재료
- 대패삼겹살 400g
- 무 750g
- 대파 2대
- 쪽파 10줄기
- 생강 3톨
- 물 900ml

▶ 양념
- 간장 3큰술
- 맛술 2큰술
- 굴소스 3큰술
- 참기름 약간
- 참깨 약간

▶ 전분물
- 전분가루 1큰술
- 물 3큰술

1. 무는 도톰하고 큼직하게 썰고, 대파는 막대 모양으로 썰고, 쪽파는 송송 썰고, 생강은 가늘게 채 썰어요.
2. 냄비에 무, 삼겹살, 대파, 생강, 간장, 맛술, 굴소스, 물을 넣어 중불에서 끓이고, 끓어오르면 거품을 제거해요.
3. 뚜껑을 덮고 중간중간 뒤적이며 중불에서 15~20분간 졸여요.
4. 전분물 재료를 잘 섞고, 조림 국물이 조금 남았을 때 전분물을 조금씩 넣어가며 걸쭉하게 만든 뒤 쪽파, 참기름, 참깨를 뿌려 완성해요.

ⓘ 무와 삼겹살이 완전히 다 익었을 때 전분물을 넣어요. 전분물은 한꺼번에 넣지 말고 조금씩 추가하며 원하는 농도를 맞춰요.

# 삼색채소 오징어볶음

볶음

어제는 결이와 도이가 축구 클럽에 가서 공을 차고 왔어요. 다섯 살 아이들의 축구 경기가 너무 귀엽고 재밌어서 한참을 웃었답니다. 어제 열심히 운동한 우리 선수들을 위해 오늘은 맛있는 오징어볶음을 준비했어요. 토마토, 단호박, 양배추에 오징어만 추가했는데도 맛은 최고예요. 빛깔 좋은 채소 삼총사가 신맛, 단맛, 씹는 맛까지 다양한 맛과 식감으로 밸런스를 맞춰 주거든요. 오징어 대신 다른 해산물이나 육류를 넣어도 잘 어울려요.

▶ 재료

- 오징어 2마리
- 양배추 1/2개
- 토마토 3개
- 단호박 1/2개
  큰 것

▶ 양념

- 올리브유 3큰술
- 참기름 약간
- 후춧가루 약간

▶ 토마토 양념

- 다진 마늘 1큰술
- 설탕 3큰술
- 간장 3큰술
- 매실액 3큰술

**1** 양배추, 오징어는 먹기 좋게 썰고, 토마토는 작게 썰어 볼에 담은 뒤 토마토 양념을 넣어 버무려요.

**2** 단호박은 전자레인지에서 5분간 가열해 씨를 제거한 뒤 너무 두껍지 않게 썰어요.

**3** 팬에 올리브유를 두르고 양념한 토마토를 부어 토마토가 부드러워질 때까지 볶아요.

**4** 단호박을 넣고 뚜껑을 덮은 뒤 중불에서 단호박이 익을 때까지 종종 저어가며 익혀요.

**5** 오징어, 양배추를 넣고 오징어가 익을 때까지 볶다가 불을 끈 뒤 참기름, 후춧가루를 뿌려 완성해요.

ⓘ 오징어는 너무 오래 볶으면 질겨지니 오징어가 익으면 바로 불을 꺼요.

미소소스
닭구이

구이

책에 실린 미소덮밥(90쪽), 드셔 보셨나요? 최근에 만들어 먹고는 너무 맛있어서 미소된장을 사용한 요리 하나를 더 만들어 봤어요. 부드러운 닭다릿살과 애호박에 미소소스를 곁들여 구운 요리인데, 밥에 비벼 먹어도 맛있지만 밥에 물을 말아 곁들여도 잘 어울려서 저도 모르게 과식하고 말았어요. 드셔 보시면 제가 이 요리를 왜 이렇게 칭찬하는지 충분히 이해하실 거예요.

▶ 재료
- 닭다릿살 500g
- 애호박 2개
- 대파 4대

▶ 양념
- 올리브유 2큰술
- 소금 1/2큰술
- 후춧가루 1/2큰술
- 참기름 약간
- 참깨 약간

▶ 미소소스
- 다진 마늘 1/2큰술
- 설탕 2큰술
- 맛술 4큰술
- 미소된장 150g

1 애호박은 도톰하게 반달 모양으로 썰고, 대파는 송송 썰어요.

2 팬에 올리브유를 두르고 닭 껍질을 팬에 닿게 올린 뒤 소금, 후춧가루를 뿌리고, 중불에서 5분, 뒤집어서 3분간 노릇하게 익혀 그릇에 덜어 놔요.

3 닭기름에 애호박, 소금, 후춧가루를 넣고 볶아 그릇에 덜어 놔요.

4 같은 팬에 대파를 넣어 5분간 볶다가 미소소스의 다진 마늘을 넣어 1분, 설탕, 맛술, 미소된장을 넣고 5분간 볶아 미소소스를 만들어요.

5 그릇에 미소소스, 닭고기, 애호박을 올린 뒤 참기름, 참깨를 뿌려 완성해요.

ⓘ 대파를 오래 볶으면 매운맛이 날아가 아이들도 잘 먹어요.

ⓘ 미소소스에 오이, 셀러리 등 채소를 찍어 먹어도 잘 어울려요.

ⓘ 미소된장은 '마루코메 쿤고시' 제품을 사용했어요.

# 대파 고등어조림

조림

주말을 앞둔 기분 좋은 금요일에는 고등어조림을 만들어 보려고 해요. 평소에는 생강을 넣어 향긋하게 만드는데, 오늘은 담백한 맛을 살려 심플하게 조리할 거예요. 아이들과 함께 먹는 음식이라 간은 좀 심심해도 우엉의 부드러운 단맛, 푹 졸여진 대파, 짠맛이 빠진 고등어가 정말 맛있답니다. 결도휜 삼 형제가 평소보다 빨리 먹었으니 맛은 검증된 거겠죠? 맛있는 음식 드시면서 모두 행복한 하루 보내세요!

▶ 재료
- 순살 고등어 2개
- 우엉 2대
- 대파 2대
- 멸치 육수 400ml

▶ 양념
- 올리브유 2큰술
- 간장 1큰술
- 맛술 1큰술
- 참깨 약간

1 우엉은 껍질을 벗겨 어슷하게 썬 뒤 찬물에 10분간 담가 건지고, 대파는 어슷하게 썰어요.

2 고등어는 키친타월로 물기를 제거하고 먹기 좋은 크기로 썰어요.

3 팬에 올리브유를 두르고 중불에서 고등어를 앞뒤로 노릇하게 익혀요.

4 우엉, 대파, 간장, 맛술, 멸치 육수 400ml를 넣고 뚜껑을 덮어 중불에서 15~20분간 조린 뒤 참깨를 뿌려 완성해요.

ⓘ 멸치 육수는 국물용 멸치 20마리, 손바닥 크기의 다시마 1장, 물 1L를 넣고 20분간 끓여 만들어요. 육수가 넉넉한 편이니 남은 육수는 다른 요리에 활용해요.

# 생강 제육볶음

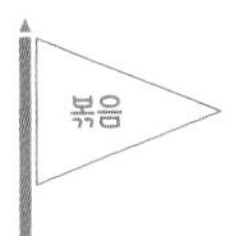


향긋한 생강향이 나는 생강제육볶음이에요. 생강은 채 써는 대신 강판에 곱게 갈아 사용하면 굵게 씹히지 않아 먹기 편해요. 단맛 가득한 대파와 깻잎, 향긋한 생강 향이 야들야들한 돼지고기와 어우러져 정말 맛있어요. 꼭 앞다릿살이 아니더라도 얇은 고기라면 잘 어울리니 다양한 재료를 넣어 요리해 봐요.

▶ 재료

- 돼지고기 앞다릿살 400g
  불고기용 혹은 대패삼겹살
- 대파 2~3대
- 깻잎 20장
- 생강 1~2톨

▶ 양념

- 올리브유 3큰술
- 간장 2큰술
- 맛술 1큰술
- 참깨 약간

**1** 대파, 깻잎은 채 썰고, 생강은 껍질을 벗겨 강판에 갈아요.

**2** 팬에 올리브유 2큰술을 두르고 대파, 깻잎을 볶아 완성 접시에 펼쳐 둬요.

**3** 같은 팬에 올리브유 1큰술을 둘러 고기를 볶고, 고기 색이 변하면 다진 생강, 간장, 맛술을 넣고 고기가 익을 때까지 볶아요.

**4** 볶은 대파, 깻잎 위에 고기를 올리고 참깨를 뿌려 완성해요.

ⓘ 생강을 갈아서 넣는 게 부담스럽다면 생강가루를 사용하거나 생강으로 생강 기름을 만들어 조리해요.

# 가지볶음

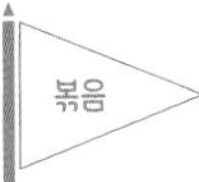


어릴 땐 휴일이 많은 5월이 마냥 좋았어요. 이제 아이를 키우는 나이가 되니 어린이날, 어버이날, 스승의 날까지 챙길 날이 많은 5월은 허리띠를 졸라매는 달이 되었죠. 여러분도 저와 비슷하시죠? 때마침 어머님이 보내주신 가지가 많아서 오늘은 식비도 절약할 겸 가지볶음을 만들었어요. 영양이 풍부한 가지는 양념만 잘하면 얼마나 맛있는지 몰라요. 밥에 달착지근한 가지와 달걀프라이를 곁들여 건강하고 맛있는 한 끼를 즐겨 보세요.

▶ 재료
- 가지 6개
- 대파 1~2대

▶ 양념
- 올리브유 2큰술
- 다진 마늘 1큰술
- 설탕 2큰술
- 참치액 2큰술
- 참기름 약간
- 들깻가루 2큰술 듬뿍

1 가지는 취향에 따라 먹기 좋게 썰고, 대파는 송송 썰어요.

2 팬에 올리브유를 두르고 다진 마늘, 대파를 넣고 센 불에서 1분간 볶아요.

3 가지를 넣고 중불에서 가지의 숨이 죽을 때까지 볶아요.

4 가지를 한쪽으로 밀어 두고 남은 팬에 설탕, 참치액을 넣고 30초간 볶은 뒤 가지와 섞으며 2분간 볶아요.

5 불을 끄고 참기름, 들깻가루를 넣고 버무려 완성해요.

ⓘ 가지볶음은 반찬으로 먹어도 맛있고 밥 위에 올려 덮밥으로 먹어도 잘 어울려요.

두부함박

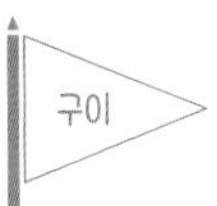


오늘은 드디어 넷째 대박이의 입체 초음파를 보러 가는 날이에요. 첫딸이라 그런지 설레고 떨리는 거 있죠. 병원 가기 전에 무얼 먹을까 하다가 두부함박으로 정했어요. 기존의 로코모코나 햄버그스테이크는 패티가 모두 고기로 이루어져 든든한 느낌이라면, 두부함박은 좀 더 가볍고 촉촉한 건강식 같아요. 패티를 넉넉하게 빚어 냉동해 두면 반찬이 없는 날도 걱정 없어요.

▶ 함박 반죽
- 두부 550g
- 다진 돼지고기 300g
- 다진 소고기 300g
- 양파 1개
- 대파 1대
  생략 가능
- 다진 마늘 2큰술
- 전분가루 8큰술
- 후춧가루 1큰술

▶ 양념
- 올리브유 2큰술

▶ 소스
- 설탕 3큰술
- 케첩 2큰술
- 간장 2큰술
- 식초 1큰술

1 돼지고기, 소고기는 키친타월로 핏물을 제거해요.

2 두부는 키친타월로 물기를 제거한 뒤 으깨기 쉽게 썰고, 양파, 대파는 다져요.

3 볼에 함박 반죽 재료를 모두 넣고 잘 치댄 뒤 동글납작하게 빚어요.

4 팬에 올리브유를 두르고 패티를 올려 중불에서 앞뒤로 노릇하게 익혀 덜어 놔요.

5 같은 팬에 소스 재료를 모두 넣고 저으며 끓이다가 끓어오르면 불을 끄고, 패티에 소스를 곁들여 완성해요.

ⓘ 함박소스 대신 마요네즈와 스리라차소스를 1:1 비율로 섞어서 곁들여도 맛있어요.

오징어
불고기

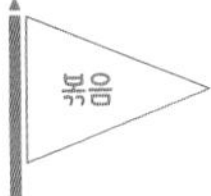


매운 게 당길 땐 오징어불고기를 만들어 보세요. 레시피대로 만들어 아이들에게 덜어 준 뒤 고춧가루를 팍팍 넣고 볶으면 칼칼한 어른용 오징어불고기 완성! 쫀득쫀득한 오징어 식감과 달달한 양파와 애호박의 조합은 최고예요. 남편은 지금까지 먹은 오징어 요리 중에 가장 맛있었다고 하니 한 번쯤 도전해 볼 만하죠? 간장을 적당히 넣어 딱 먹기 좋을 정도로 간간하지만, 오징어나 채소 크기에 따라 간이 달라질 수 있으니 간을 보고 간장 양을 조절하세요.

▶ 재료

- 오징어 2마리
- 양파 1개
- 애호박 1개

▶ 양념

- 올리브유 2~3큰술
- 설탕 2큰술
- 간장 2큰술
- 참기름 2큰술
- 후춧가루 1/2큰술
- 참깨 약간

1. 양파는 채 썰고, 애호박은 반달 모양으로 썰고, 오징어는 먹기 좋게 썰어요.
2. 팬에 올리브유를 두르고 양파, 애호박을 넣어 중불에서 3분간 볶아요.
3. 오징어, 설탕, 간장, 참기름, 후춧가루를 넣고 5분간 볶아요.
4. 채소에서 물이 나오면 10분간 졸이듯 익힌 뒤 참깨를 뿌려 완성해요.

BON APPETIT

Part 4

엄마의 사랑이 듬뿍 담긴

# 후루룩 국물 요리

# 등갈비 감자탕

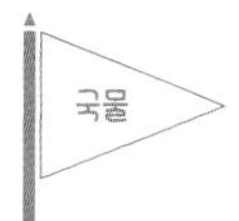


아이들이 등갈비를 좋아해서 그런지 제 요리 중에 후기가 가장 많은 것이 바쿠테예요. 그래서 아이들이 좋아하는 등갈비와 어른이 좋아하는 감자탕을 한데 담아 봤어요. 시래기랑 깻잎을 듬뿍 넣어 고기와 채소의 밸런스를 맞추고, 국물에 된장과 들깻가루를 풀어 넣어 구수한 맛을 냈어요. 삼 형제는 마치 드라마 '추노'의 한 장면처럼 정신없이 고기를 뜯더라고요. 이렇게까지 잘 먹을 줄 몰랐는데, 역시 등갈비는 실패가 없는 재료인가 봐요.

▶ 재료

- 등갈비 1kg
- 데친 시래기 300g
- 깻잎 20장
- 감자 5개
- 대파 2대
- 물 3L

▶ 양념

- 맛술 1큰술
- 후춧가루 1큰술
- 들깻가루 4큰술

▶ 시래기 양념

- 다진 마늘 2큰술
- 참치액 3큰술
- 된장 2~3큰술
- 생강가루 1/2큰술
- 후춧가루 1큰술

1. 끓는 물에 등갈비, 맛술, 후춧가루 1/2큰술을 넣어 중불에서 5분간 끓인 뒤 찬물로 깨끗하게 씻어요.

2. 내열용기에 감자, 물을 넣고 전자레인지에서 10분~15분 가열해 감자를 삶아요.

3. 대파, 깻잎, 시래기는 큼직하게 썰고, 볼에 시래기, 시래기 양념을 넣어 버무려요.

4. 큰 냄비에 데친 등갈비, 물 2L를 넣고 중불에서 50분간 끓여요.

5. 물 1L, 시래기, 대파, 찐 감자, 깻잎, 후춧가루 1/2큰술, 들깻가루를 넣고 10~15분간 더 끓여 완성해요.

ⓘ 부족한 간은 소금으로 맞추고, 남은 감자탕을 다시 끓일 때는 물을 조금 추가해 참치액 1큰술로 양념해요.

단호박
꽃게탕

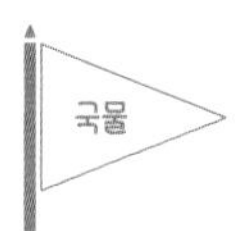


넷째 대박이가 꽃게탕이 먹고 싶다고 성화지 뭐예요. 할 수 없이 단호박꽃게탕을 끓였어요. 시원한 꽃게 국물에 찰떡궁합인 단호박과 두부를 듬뿍 넣어 구수하고 달큰하게 먹었어요. 아이들은 가위로 꽃게를 먹기 좋게 잘라 주니 끝까지 쪽쪽 빨아 먹어요. 대박이뿐만 아니라 온 가족을 만족시킨 단호박 꽃게탕은 냉동 꽃게로도 충분히 맛있게 만들 수 있으니 찬바람 불 때 꼭 만들어 보세요.

▶ 재료

- 냉동 손질 꽃게 1kg
- 두부 500g
- 단호박 1개
- 쑥갓 100g
  생략 가능
- 쌀뜨물 2L

▶ 양념

- 다진 마늘 1큰술
- 된장 2큰술
- 국간장 2큰술
- 맛술 1큰술
- 생강가루 1큰술
  생략 가능
- 버섯가루 1큰술
  생략 가능

1. 꽃게는 해동한 뒤 헹구고, 단호박은 속을 제거해 먹기 좋게 썰고, 두부, 쑥갓은 한입 크기로 썰어요.
2. 냄비에 쌀뜨물을 넣고 끓어오르면 꽃게를 넣고 끓이며 거품을 제거해요.
3. 양념 재료를 모두 넣고 중불에서 거품을 제거하며 끓여요.
4. 팔팔 끓으면 단호박, 두부, 쑥갓을 올려 단호박이 익을 때까지 한소끔 끓여 완성해요.

ⓘ 단호박은 많이 넣을수록 맛있으니 듬뿍 넣고 끓여요. 전 중간 크기의 단호박 1개를 사용했어요.

# 애호박 자박이

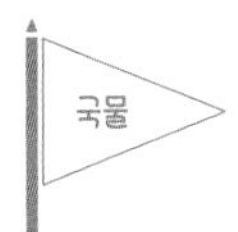


요즘 자극적인 음식을 많이 먹어서 깔끔한 음식이
생각나더라고요. 이럴 때 먹으면 좋은 애호박자박이입니다.
애호박도 듬뿍, 순두부도 듬뿍 넣어서 새우젓으로만 간을
했는데도 깊은 맛이 나요. 재료를 듬뿍듬뿍 넣었더니 양이
늘어나서 저는 남은 걸로 한 끼 더 먹었어요. 찬 음식을 많이
먹었거나 담백한 게 당기는 날 여러분도 몸이 깨끗해지는 이 맛을
꼭 한번 느껴 보세요.

▶ 재료
- 애호박 2개
- 순두부 3봉
- 대파 1대

▶ 양념
- 다진 마늘 1큰술
- 새우젓 2큰술
- 들깻가루 2큰술 듬뿍

▶ 멸치 육수
- 국물용 멸치 20마리
- 다시마 1장
  손바닥 크기
- 물 1.5L

**1** 냄비에 멸치 육수 재료를 넣고 20~30분간 끓인 뒤 건더기를 제거해요.

**2** 애호박은 큼직하게 썰고, 대파는 송송 썰어요.

**3** 냄비에 멸치 육수 1~1.2L, 애호박, 양념 재료를 모두 넣고 중불에서 10~12분간 끓여요.

**4** 대파를 넣고 1분간 더 끓여 완성해요.

유부
김치국수

국물

연휴 동안 유부초밥을 만들어서 소풍을 가려고 했는데, 비가 추적추적 내리네요. 그래서 유부김치국수로 노선을 변경했어요. 뜨끈한 국물과 아삭한 김치, 폭신폭신한 유부의 만남, 생각만 해도 궁합이 좋지 않나요? 저는 마지막에 쑥갓도 올려 향긋함까지 추가했어요. 감칠맛이 좋은 김치국수는 한 끼 식사로도 좋고, 입맛 없을 때 별미로 즐기기에도 제격이에요. 국수에 사용한 유부는 유부초밥용이니 참고하세요.

▶ 재료
- 소면 400g
- 김치 1/2포기
- 유부초밥용 유부 330g(4인분)
- 쑥갓 200g

▶ 양념
- 국간장 2큰술
- 후춧가루 약간
- 참기름 1큰술

▶ 멸치 육수
- 국물용 멸치 20마리
- 다시마 1장 손바닥
  손바닥 크기
- 말린 표고버섯 4개
- 물 2L

1 냄비에 멸치 육수 재료를 넣고 20~30분간 끓인 뒤 건더기를 제거해 1.5L의 육수를 준비하고, 건져낸 표고버섯은 얇게 썰어요.

2 김치는 양념을 헹궈 물에 잠시 담갔다 물기를 꼭 짠 뒤 잘게 썰고, 쑥갓은 송송 썰어요.

3 유부는 끓는 물을 부어 기름기를 제거한 뒤 찬물에 헹궈 물기를 꼭 짜요.

4 끓는 멸치 육수에 김치, 유부, 국간장, 후춧가루를 넣고 중불에서 15분간 끓이고, 불을 끄고 참기름을 뿌려 잘 섞어요.

5 끓는 물에 소면을 넣고 삶아 건진 뒤 찬물에 여러 번 헹궈 물기를 빼요.

6 그릇에 소면을 담고 쑥갓, 표고버섯을 올린 뒤 국물을 부어 완성해요.

ℹ 기호에 따라 참깨, 참기름을 추가해 먹어요.

# 버섯들깨탕

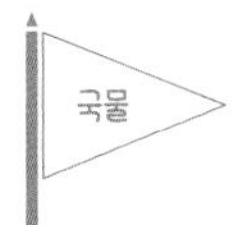


마트에 가서 장바구니에 팽이버섯, 느타리버섯, 만가닥버섯, 새송이버섯을 담았는데 오천 오백 원이 나오네요. 요즘 물가를 생각하면 정말 착한 가격이죠? 다양한 버섯을 저렴하게 구매했으니 들깨 매직을 발휘해 고소함을 가득 담은 버섯들깨탕을 끓였어요. 더 진하고 부드럽게 먹고 싶다면 사골 육수를 넣어 끓여도 좋아요. 들깨가 버섯의 비릿한 향은 잡아 주고 풍미를 끌어올려 정말 맛있어요.

▶ 재료

- 팽이버섯 300g
- 느타리버섯 200g
- 표고버섯 5개
- 미니새송이버섯 350g
- 만가닥버섯 350g
- 다진 소고기 350g
  생략 가능
- 대파 1대

▶ 양념

- 들기름 4큰술
- 국간장 2큰술
- 소금 1/2큰술
- 들깻가루 10큰술

▶ 멸치 육수

- 국물용 멸치 20마리
- 다시마 1장
  손바닥 크기
- 말린 표고버섯 5개
- 물 2.5L

1 냄비에 멸치 육수 재료를 넣고 20~30분간 끓인 뒤 건더기를 제거해 2L의 육수를 준비하고, 건져낸 표고버섯, 다시마는 채 썰어요.

2 모든 버섯은 먹기 좋게 손질하고, 대파는 송송 썰어요.

3 팬에 들기름을 넣고 약불에서 소고기를 볶아 색이 변하면 모든 버섯, 육수 낸 표고버섯, 다시마를 넣고 중불에서 볶아요.

4 버섯에서 물이 나오면 국간장을 넣고 버섯 향이 우러나도록 5분간 볶아요.

5 멸치 육수를 넣고 10분간 끓여 소금으로 간하고, 들깻가루, 대파를 넣고 3분간 더 끓여 완성해요.

ⓘ 어른 양념장은 초장과 들깻가루를 섞어 만들고, 아이 양념장은 간장, 참기름, 참깨 간 것을 섞어서 만들어요.

ⓘ 들깻가루는 취향에 맞게 가감해요.

# 느타리 제육전골

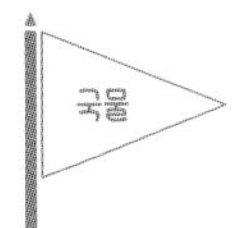


오랜만에 친구들을 만나서 즐겁게 놀다 왔더니 컨디션까지 좋아졌어요. 엄마들에게도 가끔 이런 시간이 필요한가 봐요. 기분이 좋으니까 오늘은 맛있으면서도 색다른 전골 요리를 한번 해 보려고 해요. 부드러운 돼지고기와 쫄깃한 느타리버섯을 듬뿍 넣고 대파와 양파로 단맛을 더한 느타리제육전골이랍니다. 돼지고기로 전골을 해도 충분히 맛있으니, 취향에 따라 다양한 재료를 추가해 여러분만의 제육전골을 만들어 보세요.

▶ 재료

- 돼지고기 앞다릿살 600g 불고기용
- 느타리버섯 300g
- 양파 1개
- 대파 2대
- 당면 80g

▶ 양념

- 올리브유 2큰술

▶ 멸치 육수

- 국물용 멸치 20마리
- 다시마 1장 손바닥 크기
- 물 1.5L

▶ 고기 양념

- 다진 마늘 2큰술
- 설탕 2큰술
- 국간장 5큰술
- 생강가루 약간
- 후춧가루 약간

1 냄비에 멸치 육수 재료를 넣고 20~30분간 끓인 뒤 건더기를 제거해요.

2 당면은 뜨거운 물에 담가 10~20분간 불려 건진 뒤 물기를 빼요.

3 돼지고기는 키친타월로 핏물을 제거해 고기 양념을 넣어 버무리고, 버섯은 가닥가닥 뜯고, 양파, 대파는 채 썰어요.

4 냄비에 올리브유를 두르고 돼지고기를 넣어 센 불에서 고기 색이 변할 때까지 볶아요.

5 버섯, 양파, 대파, 불린 당면을 넣고 멸치 육수 800ml를 부은 뒤 10~15분간 끓여 완성해요.

ⓘ 식탁에 두고 끓여가며 먹으면 더 맛있어요.

ⓘ 어른용 식사에 고춧가루를 추가하면 매콤하게 즐길 수 있어요.

# 들깨떡국

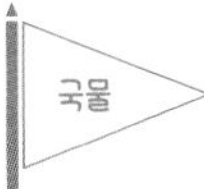


남편이 떡국이 먹고 싶다고 해서 얼른 끓여 봤어요. 오늘은 멸치 육수에 달걀물을 듬뿍 넣어 만들었더니 국물이 한층 부드럽고 든든해졌어요. 그리고 톡톡 터지는 통들깨와 들깻가루를 넣어 재미있는 식감과 고소한 향도 추가했어요. 통들깨가 없다면 들깻가루를 더 넣으면 되고, 멸치 육수 대신 사골 육수를 써도 맛있어요.

▶ 재료
- 떡국떡 1kg
- 대파 2대
- 달걀 5개

▶ 양념
- 소금 약간
- 국간장 3큰술
- 들깻가루 6큰술
- 후춧가루 1큰술
- 참기름 약간
- 참깨 약간
- 통들깨 약간

▶ 멸치 육수
- 국물용 멸치 20마리
- 다시마 2장
  손바닥 크기
- 물 3L

1 냄비에 멸치 육수 재료를 넣고 20~30분간 끓인 뒤 건더기를 제거해요.

2 떡은 헹구고, 대파는 송송 썰고, 달걀은 소금을 섞어 잘 풀어요.

3 냄비에 멸치 육수 2~2.5L를 넣어 팔팔 끓으면 중불에서 달걀물을 빙 둘러 부은 뒤 잘 휘저어요.

4 떡, 국간장, 들깻가루, 후춧가루를 넣고 떡이 익을 때까지 끓여요.

5 대파를 넣고 1분간 더 끓여 그릇에 담고, 참기름, 참깨, 통들깨를 뿌려 완성해요.

ⓘ 멸치 육수를 낸 다시마는 채 썰어 고명으로 얹으면 좋아요.

# 차돌칼국수

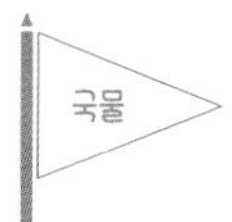


자주 먹지는 못하지만 좋아하는 차돌박이로 칼국수를
끓였어요. 차돌박이를 볶은 기름에 채소를 코팅하듯 볶아
육수를 만들었더니, 국물이 진하고 고소해 너무 맛있더라고요.
차돌박이는 가격 때문에 자주 먹지는 못하는데, 아마도 가끔씩
먹어서 더 맛있는 것 같아요. 고기와 채소가 골고루 들어간 푸짐한
칼국수로 온 가족이 따뜻한 시간 보내세요.

▶ 재료

- 생칼국수 400~500g
- 차돌박이 400g
- 숙주 300g
- 알배춧잎 200g
- 대파 2대
- 물 1.8L

▶ 양념

- 올리브유 2큰술
- 다진 마늘 1~2큰술
- 생강가루 1/2큰술
  생략 가능
- 후춧가루 약간+1/2큰술
- 국간장 4큰술
- 참치액 2큰술

1. 숙주는 물기를 빼고, 배춧잎, 대파는 큼직하게 썰어요.
2. 냄비에 차돌박이를 넣고 노릇하게 볶아 덜어 놔요.
3. 차돌박이 기름에 올리브유를 두르고 대파, 다진 마늘, 생강가루, 후춧가루 약간, 국간장 2큰술을 넣고 대파의 숨이 죽을 때까지 중불에서 볶아요.
4. 물, 국간장 2큰술, 참치액, 후춧가루 1/2큰술을 넣고 팔팔 끓여요.
5. 끓는 국물에 전분을 제거한 칼국수를 넣어 2분간 끓이고, 숙주, 배추, 차돌박이를 올린 뒤 3분간 더 끓여 완성해요.

ⓘ 걸쭉한 국물을 원하면 면을 탈탈 털어서 전분가루를 제거한 칼국수를 넣고, 맑은 국물을 원하면 칼국수를 가볍게 헹구거나 삶아서 넣어요.

# 오징어 짜글이

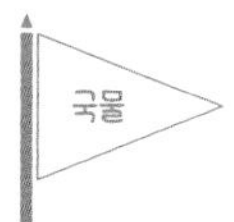


간단하고 만들기도 쉬운데 맛있는 요리를 찾는다면 오징어짜글이를 추천해요. 두부랑 오징어만 썰면 되고, 볶는 과정도 없이 모든 재료를 넣고 팔팔 끓이기만 하면 완성돼요. 오징어에서 진한 맛이 우러나 국물이 얼마나 시원하고 개운한지 몰라요. 또 감칠맛 나는 국물이 쏙 밴 두부도 정말 맛있답니다. 저랑 남편은 고춧가루만 톡톡 뿌려 먹었지만, 여러분은 빨갛게 양념해서 매콤하게도 즐겨 보세요.

▶ 재료
- 손질 오징어 2마리
- 두부 500g
- 대파 2대
- 당면 80g

▶ 양념
- 참기름 약간
- 참깨 약간

▶ 양념장
- 다진 마늘 1큰술
- 설탕 1큰술
- 간장 2큰술
- 맛술 1큰술
- 매실액 2큰술
- 생강가루 1/2큰술
- 후춧가루 1/2큰술
- 쌀뜨물 200ml

1. 오징어, 두부는 먹기 좋게 썰고, 대파는 어슷하게 썰고, 당면은 뜨거운 물에 담가 10~20분간 불려 건진 뒤 물기를 빼요.
2. 양념장 재료는 잘 섞어요.
3. 냄비에 대파를 펼치고 두부를 가장자리에 올린 뒤 가운데에 오징어를 올리고, 양념장을 부어 뚜껑을 닫고 중불에서 5분간 끓여요.
4. 불린 당면을 넣고 10분간 더 끓인 뒤 참기름, 참깨를 뿌려 완성해요.

ⓘ 당면을 넣기 전에 간을 보고 싱거우면 참치액 1큰술을 넣어 간해요.

ⓘ 어른용 식사에는 고춧가루를 뿌려 칼칼하게 먹어도 좋아요.

# 들깨청국장

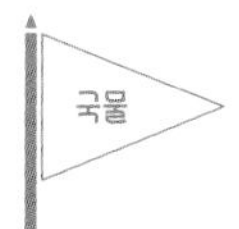


청국장을 끓이기 전에 먼저 들깨를 준비해 주세요. 들깨는 청국장의 쿰쿰한 맛을 완화시키고 고소한 맛을 한층 돋보이게 해 줘요. 양배추도 필요해요. 청국장에 양배추를 넣으면 맛이 부드러워지거든요. 남편은 청국장에서 차돌된장찌개 같은 느낌이 난대요. 아이들은 김에 올려 든든하게 먹고 저도 너무 맛있어서 한 그릇 가득 먹었답니다.

▶ 재료
- 청국장 180g
- 다진 돼지고기 300g
- 두부 250g
- 애호박 1개
- 양파 1개
- 양배추 100g
- 대파 2대
- 물 1L

▶ 양념
- 다진 마늘 1큰술
- 된장 1/2~1큰술
- 올리브유 2큰술
- 들깻가루 5큰술

1 청국장에 다진 마늘, 된장, 물 1큰술을 넣어 잘 섞어요.

2 돼지고기는 키친타월로 핏물을 제거하고, 애호박, 양파, 양배추, 대파는 큼직하게 썰어요.

3 팬에 올리브유를 두르고 대파, 양파를 넣어 중불에서 1분간 볶다가 돼지고기를 넣어 볶아요.

4 고기 색이 변하면 양념한 청국장을 넣고 볶다가 물을 부은 뒤 애호박, 양배추, 두부를 넣고 두부를 살짝만 으깨어 끓여요.

5 채소가 익을 때까지 끓이다가 들깻가루를 넣고 3~4분간 더 끓여 완성해요.

# 순두부국수

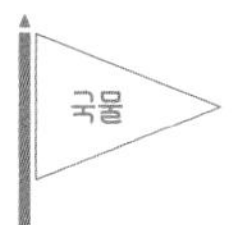


가지솥밥(96쪽)을 지을 때 간장 양념장을 넉넉히 만든 게 생각나 양념장에 어울리는 음식을 만들었어요. 하얀 순두부에 간장 양념만 올려 먹어도 맛있으니까, 순두부를 넣은 담백한 국수라면 꽤 잘 어울리겠죠? 대파를 듬뿍 넣고 볶아서 국물을 냈더니 멸치 육수에 대파의 달큼함이 어우러져 감칠맛이 정말 좋아요. 아이들은 양념장 없이 담백하게 먹고, 어른은 매콤한 간장 양념장 얹어 짭짤하고 매콤하게 즐기세요.

▶ 재료
- 소면 400g~500
- 순두부 2봉
- 대파 3대

▶ 양념
- 올리브유 2큰술
- 맛술 1큰술
- 참치액 3큰술
- 참기름 약간
- 참깨 약간

▶ 멸치 육수
- 국물용 멸치 20마리
- 다시마 1장
  손바닥 크기
- 물 2.5L

**1** 냄비에 멸치 육수 재료를 넣고 20~30분간 끓인 뒤 건더기를 제거하고, 건진 다시마는 채 썰어요.

**2** 대파는 채 썬 뒤 냄비에 올리브유를 두르고 대파를 넣어 중불에서 숨이 죽을 때까지 볶아요.

**3** 멸치 육수 1.8L, 순두부, 맛술, 참치액을 넣고 5~10분간 끓여 불을 꺼요.

**4** 끓는 물에 소면을 삶아 건진 뒤 찬물에 여러 번 헹궈 물기를 빼요.

**5** 그릇에 소면, 채 썬 다시마를 담고 국물을 부은 뒤 참기름, 참깨를 뿌려 완성해요.

ⓘ 가지솥밥(96쪽) 양념장을 곁들여 먹으면 더 맛있어요. 간장, 매실액, 참기름은 모두 2큰술을 넣고, 맛술 1큰술, 다진 마늘 1/2큰술, 송송 썬 매운고추와 참깨를 취향껏 섞어 만들어요.

# 토마토
# 돼지찌개

국물

저는 여주에 있는 식당 '단골집'에서 파는 사태찌개를 참 좋아해요. 매콤하고 달콤한 돼지고기찌개인데, 채소에서 나오는 천연 단맛이 좋아 거부감 없이 계속 먹게 되거든요. 임신 중에 너무 먹고 싶은데 아이들은 매운 걸 못 먹으니 토마토를 사용해서 만들었어요. 토마토 덕분에 은은하게 달콤하고 새콤해진 국물이 부드럽게 잘 익은 돼지고기와 정말 잘 어울려요. 남편은 고춧가루와 소금을 더 넣어서 매콤하고 간간하게 먹는 걸 좋아하니 어른은 이렇게도 드셔 보세요.

재료
- 돼지고기 앞다릿살 400g
  찌개용 혹은 사태
- 토마토 5개
- 애호박 1개
- 감자 2개
- 두부 250g
- 대파 2대
- 물 1L

양념
- 올리브유 2큰술
- 다진 마늘 1큰술
- 맛술 1큰술
- 소금 약간
- 후춧가루 약간
- 참치액 2큰술

1 돼지고기는 키친타월로 핏물을 제거해요.

2 토마토, 애호박, 감자, 두부는 한입 크기로 썰고, 대파는 송송 썰어요.

3 냄비에 올리브유를 두르고 다진 마늘, 대파를 넣고 중불에서 1분간 볶다가 돼지고기를 넣어 고기 색이 변할 때까지 볶아요.

4 토마토, 맛술, 소금, 후춧가루를 넣고 토마토가 완전히 익어 물이 생길 때까지 볶아요.

5 애호박, 감자, 물, 참치액을 넣고 감자가 익을 때까지 15~20분간 끓여요.

6 부족한 간은 소금으로 맞춘 뒤 두부를 넣고 5분간 끓여 완성해요.

토마토는 잘 익은 것을 사용해야 맛있어요.

야채냉국수

국물

날이 추울 땐 여름이 기다려지다가도 더운 여름이 오면 이 계절이 빨리 지나갔으면 하는 마음, 저만 그런 거 아니죠? 올해는 유독 더웠던 탓에 시원한 여름 음식을 자주 해 먹으며 더위를 이겨 냈어요. 차가운 국물에 소면과 채소를 넣어 먹는 요리인데, 새콤하고 개운한 맛이 더위를 가시게 해 줘요. 어른은 소금 대신 고추장을 풀어 넣어 매콤하게 먹어도 맛있답니다. 저는 소고기 육전을 곁들여 든든하게 먹었어요.

▶ 재료
- 소면 400g
- 오이 2개
- 양배춧잎 3~4장
- 당근 1개
- 얼음 적당량

▶ 냉육수
- 다진 마늘 1/2큰술
- 설탕 4큰술
- 간장 4큰술
- 식초 3큰술
- 참기름 1큰술
- 차가운 생수 1L

1 오이, 양배추, 당근은 가늘게 채 썰어요.

2 냉육수 재료를 잘 섞은 뒤 오이, 양배추, 당근을 넣고 냉장실에서 30분간 숙성해요.

3 끓는 물에 소면을 넣고 삶아 건진 뒤 찬물에 여러 번 헹궈 물기를 빼요.

4 그릇에 소면, 얼음 몇 조각을 담고 육수를 부어 완성해요.

ⓘ 기호에 따라 간 참깨, 참기름, 겨자를 넣어 먹어요.

ⓘ 싱거우면 소금으로 간하고, 설탕 양을 줄이고 싶다면 설탕을 2큰술만 넣고 매실액 4큰술을 추가해요.

국물불고기

국물

한동안 채소를 많이 먹었는데 남편이 고기 좀 먹자며 불고기를 주문했어요. 그래서 느타리버섯과 양배추를 듬뿍 넣고 달걀도 톡톡 깨 넣어 푸짐한 불고기를 만들었어요. 고기와 채소, 달걀을 건져 먹고 국물에 밥도 비벼 먹고, 상추쌈도 싸서 먹으면 불고기 하나로 다양한 맛을 즐길 수 있을 거예요.

▶ 재료

- 소고기 500g
  불고기용
- 대파 2대
- 느타리버섯 200g
- 양배춧잎 3장
- 달걀 6개
- 물 450ml

▶ 양념

- 맛술 2큰술
- 간장 2큰술
- 참기름 약간
- 참깨 약간

▶ 고기 양념

- 다진 마늘 2큰술
- 설탕 2큰술
- 간장 4큰술
- 매실액 2큰술
- 참기름 2큰술
- 후춧가루 1/2큰술

1 대파는 채 썰고, 버섯은 먹기 좋게 뜯고, 양배추는 한입 크기로 썰어요.

2 소고기는 키친타월로 핏물을 제거하고 고기 양념, 대파를 넣고 버무려 15~30분간 숙성해요.

3 전골냄비에 물, 맛술, 간장을 넣고 양념한 고기를 올려 센 불에서 끓여요.

4 끓어오르면 중불에서 섞으며 3분간 끓여요.

5 재료를 가운데로 몰아 두고 가장자리 국물에 달걀을 깨 올린 뒤 버섯, 양배추를 얹어 끓여요.

6 달걀이 익으면 가볍게 섞어서 한소끔 끓인 뒤 참기름, 참깨를 뿌려 완성해요.

새우짬뽕탕

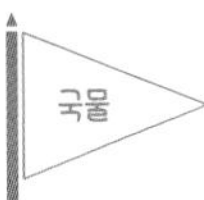


새우 듬뿍, 채소 듬뿍 넣고 짬뽕을 만들어 봤어요. 중국집 짬뽕과는 맛 차이가 있지만, 채소에서 우러난 달큼한 채수 덕분에 개운한 맛이 좋아요. 탱글탱글한 새우도 너무 맛있어서 온 가족이 허겁지겁 한 그릇씩 다 비웠답니다. 오늘 캠핑장에 놀러갈 건데 남은 짬뽕은 캠핑장에 가져가서 뜨끈하게 먹을 거예요. 먹기 전에 고춧가루를 추가해서 칼칼한 국물로도 즐겨 보세요.

▶ 재료

- 새우 750g
- 양배추 330g
- 숙주 350g
- 양파 1개
- 대파 6대
- 물 1.6L

▶ 양념

- 올리브유 4큰술
- 국간장 2큰술
- 참치액 4큰술
- 맛술 1큰술
- 다진 마늘 1큰술
- 후춧가루 1큰술

**1** 양파, 대파는 채 썰고, 양배추는 큼직하게 썰고, 숙주는 2등분하고, 새우는 껍질과 내장을 제거해 물기를 빼요.

**2** 냄비에 올리브유를 두르고 중불에서 대파를 7분간 볶다가 양파, 양배추를 넣고 7분간 더 볶아요.

**3** 국간장, 참치액, 맛술을 넣고 센 불에서 1분간 볶아요.

**4** 새우, 물, 다진 마늘, 후춧가루를 넣고 10분간 끓인 뒤 숙주, 후춧가루를 넣고 중불에서 30초간 끓여 완성해요.

ⓘ 저는 후춧가루를 많이 넣는 걸 좋아해서 1큰술을 넣었는데 기호에 따라 양을 조절하세요.

들깨
애호박찌개

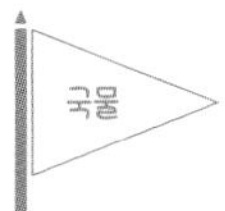


얼큰한 국물이 당겨서 끓인 애호박찌개예요. 돼지고기와 애호박을 듬뿍 넣고 새우젓으로 간하면 육수를 넣지 않아도 국물이 진하고 맛있어요. 아이들은 국물에 매운 양념을 넣기 전에 덜어 주고, 저랑 남편은 고춧가루와 청양고추를 팍팍 넣고 한 번 더 끓여 매콤하게 먹었어요. 남편은 땀을 뻘뻘 흘리면서 두 그릇을 먹더라고요. 너무너무 맛있으니 얼큰한 게 당기거나 해장이 필요할 때 꼭 끓여 보세요.

▶ 재료
- 애호박 2개
- 돼지고기 앞다릿살 600g
- 대파 2대
- 청양고추 2개
- 물 1.7L

▶ 양념
- 올리브유 2큰술
- 다진 마늘 2큰술
- 설탕 2큰술
- 국간장 1큰술
- 멸치액젓 2큰술
- 새우젓 1큰술
- 생강가루 1/2큰술
- 후춧가루 1/2큰술
- 들깻가루 5큰술
- 고춧가루 2큰술

1 애호박은 반달 모양으로 썰고, 대파, 고추는 송송 썰고, 고기는 키친타월로 핏물을 제거해요.

2 팬에 올리브유를 두르고 중불에서 대파를 넣어 숨이 죽을 때까지 볶다가 돼지고기, 다진 마늘을 넣고 고기 색이 변할 때까지 볶아요.

3 설탕, 국간장, 멸치액젓, 새우젓, 생강가루, 후춧가루를 넣고 3분간 볶아요.

4 물 500ml를 넣고 10분간 끓인 뒤 물 1.2L를 추가해 20분간 더 끓여요.

5 애호박, 들깻가루를 넣고 5분간 끓인 뒤 아이용은 그릇에 덜고, 고추, 고춧가루를 넣어 5분간 끓여 어른용을 완성해요.

ⓘ 들깻가루, 고춧가루, 청양고추의 양은 취향에 맞게 가감해요.

맑은육개장

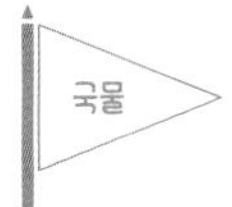


얼마 전 서울시에서 주최한 '다둥이 가족 사진 공모전'에서 대상을 수상했어요. 그래서 어제는 상을 받으러 시청에 다녀왔답니다. 재미있는 경험이었지만 대상의 무게감과 리허설의 긴장감까지 더해져 정말 지치더라고요. 아마 아이들은 더 힘들었을 거예요. 온 가족이 고생했으니 따끈한 국물을 먹으며 힘을 낼 수 있도록 육개장을 끓였어요. 고기와 버섯, 고사리, 토란대, 숙주, 대파 등 재료를 듬뿍 넣고 맑게 만들었더니, 재료의 맛을 온전히 느낄 수 있어 색다른 별미가 되었어요. 어른은 고춧가루를 듬뿍 뿌려서 얼큰하게 드세요.

재료

- 소고기 320g
  불고기용
- 대파 3대
- 느타리버섯 300g
- 데친 고사리 150g
- 데친 토란대 200g
- 숙주 350g
- 물 2.5L
- 다시마 1장
  손바닥 크기

양념

- 올리브유 2큰술
- 들기름 2큰술
- 다진 마늘 1큰술
- 국간장 2큰술
- 참치액 2큰술
- 후춧가루 1/2큰술
- 소금 약간

**1** 소고기는 키친타월로 핏물을 제거해요.

**2** 대파는 큼직하게 썰고, 버섯, 고사리, 토란대는 먹기 좋게 썰고, 숙주는 물기를 제거해요.

**3** 팬에 올리브유, 들기름을 두르고 대파를 넣어 약불에서 5~10분간 볶아요.

**4** 소고기, 다진 마늘, 국간장을 넣고 중불에서 고기 색이 변할 때까지 볶아요.

**5** 물 2L, 다시마를 넣고 센 불에서 20분간 끓이다가 다시마를 건진 뒤 버섯, 고사리, 토란대, 물 500ml, 참치액, 후춧가루를 넣고 10분간 더 끓여요.

**6** 숙주를 넣고 3분간 끓인 뒤 소금으로 간해 완성해요.

Part 5

수연이네만의 특별식

# 이색 밥상

알리오올리오
떡볶이

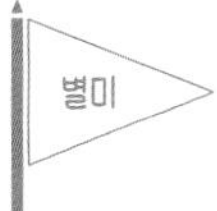


여러분도 떡볶이, 좋아하시죠? 저는 엽기떡볶이를 좋아했는데, 매운 음식을 안 먹다 보니 이제는 매운 걸 못 먹겠더라고요. 아이들은 일반 떡볶이도 매워서 못 먹으니 온 가족이 자연스럽게 떡볶이를 거의 먹지 않고 지냈어요. 그래도 가끔 생각날 때면 알리오올리오떡볶이를 만들어요. 얼핏 기름떡볶이와 비슷하기도 하지만, 마늘을 듬뿍 넣고 만든 마늘 기름이 베이스가 되어 먹는 내내 입안에 마늘 향이 맴돌아요. 마늘 향으로 코팅된 쫄깃한 떡, 탱글탱글한 새우, 잘 익은 마늘과 대파까지, 모든 재료가 맛있어요.

▶ 재료
- 쌀떡볶이 20개
- 마늘 15개
- 새우살 400g
- 대파 1대

▶ 양념
- 올리브유 8큰술
- 소금 1/2큰술
- 후춧가루 1/2큰술
- 설탕 1/2큰술
- 간 참깨 4큰술
- 바질가루 2큰술

1 떡, 새우는 헹궈 물기를 빼고, 마늘은 편으로 썰고, 대파는 송송 썰어요.

2 팬에 올리브유를 두르고 약불에서 마늘을 넣어 노릇노릇하게 튀겨요.

3 새우를 넣고 중불에서 새우 색이 변할 때까지 볶다가 소금, 후춧가루, 설탕을 넣고 1분간 볶아요.

4 떡을 넣고 노릇노릇해질 때까지 볶은 뒤 대파, 간 참깨, 바질가루를 넣고 센 불에서 1분간 볶아 완성해요.

ⓘ 아이들이 마늘을 잘 먹지 않는다면 편으로 썰어 넣는 대신 굵게 다져도 좋아요.

# 차돌카레

별미

색다른 카레가 당겨서 만든 차돌박이카레예요. 차돌박이는 살짝 가격이 있지만, 온 식구가 맛있게 먹고 힘내길 바라며 지갑 좀 열었어요. 남편은 소고기가 들어가서 맛이 고급스러워졌다고 하고, 삼 형제도 다 먹고 또 달라고 할 정도로 잘 먹네요. 저만의 팁이라면 차돌박이를 버터에 볶고 마지막에 계핏가루를 넣는 거예요. 느끼한 맛은 사라지고 카레에 차돌박이의 풍미가 녹아들어 훨씬 맛있어져요. 여러분도 재료를 바꿔가며 여러분만의 카레를 만들어 보세요.

▶ 재료
- 고형카레 220g
- 차돌박이 600g
- 양파 5개
- 대파 1/2대
- 물 1.2L

▶ 양념
- 버터 50g
- 다진 마늘 2큰술
- 계핏가루 1큰술

1 양파는 가늘게 채 썰고, 대파는 송송 썰어요.

2 팬에 버터를 녹이고 다진 마늘을 넣어 중불에서 1분간 볶아요.

3 차돌박이를 넣고 완전히 익을 때까지 볶다가 양파를 넣어 양파가 기름을 모두 흡수할 때까지 20분간 볶아요.

4 물을 넣고 끓이다가 고형카레와 계핏가루를 넣고 중불에서 5분간 익힌 뒤 대파를 올려 완성해요.

ⓘ 밥에 카레를 얹고 달걀프라이를 올려 먹으면 잘 어울려요.

ⓘ 카레는 'S&B 골든카레 순한맛'을 사용했어요.

# 깻잎파스타

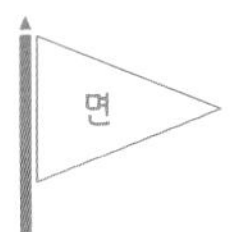


요즘 결이, 도이는 페달 자전거 연습에 한창이에요. 두 발은 허둥지둥하지만 반대로 집중하느라 진지해진 얼굴을 보면 언제 저렇게 컸는지 대견하고 뿌듯하더라고요. 오늘도 아침 먹고 바로 자전거를 탄다고 해서 속이 든든한 파스타를 만들었어요. 파스타에 새우와 깻잎을 넣고 간장소스를 넣고 비비면 끝이니 바쁠 때나 배불리 먹고 싶을 때 만들기 좋아요. 깻잎과 간장소스만으로도 맛있어서 꼭 새우를 넣지 않아도 괜찮아요.

▶ 재료
- 스파게티 400g
- 깻잎 30장
- 냉동새우 15마리

▶ 양념
- 맛술 1큰술

▶ 깻잎 양념
- 소금 1/2큰술
- 후춧가루 1/2큰술
- 올리브유 1큰술

▶ 간장소스
- 간장 6큰술
- 물 6큰술
- 들기름 2큰술
- 알룰로스 2큰술
- 간 참깨 4큰술
- 생강가루 약간

1 깻잎은 채 썬 뒤 깻잎 양념을 넣고 가볍게 버무려요.

2 간장소스 재료는 잘 섞어요.

3 끓는 물에 스파게티를 넣고 삶아 건진 뒤 물기를 빼요.

4 스파게티 삶은 물에 맛술을 넣고 새우를 1분간 데쳐 건진 뒤 물기를 빼요.

5 그릇에 스파게티, 깻잎, 새우를 담고 간장소스를 뿌려 완성해요.

깐풍오리

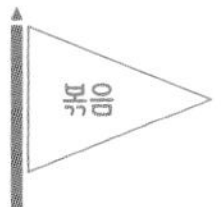


잘 튀긴 닭고기에 간장 양념으로 볶은 깐풍기, 너무 맛있죠? 갑자기 그 맛이 생각나서 입에 침이 고이더라고요. 하지만 고기를 튀기는 게 부담돼서 오리고기에 깐풍소스를 더해 저만의 깐풍오리를 만들었어요. 튀기지 않아서 덜 부담스럽고, 간장으로 양념해서 밥과도 잘 어울려요. 또 채소도 많이 먹을 수 있으니 나름 건강식이 되었죠? 아이들도 맛있다며 잘 먹더라고요. 깐풍기가 생각나는 날, 저처럼 재료와 소스를 응용해서 깐풍오리에 도전해 보세요.

▶ 재료
- 생오리슬라이스 400g
- 양배추 450g
- 파프리카 3개

▶ 양념
- 참기름 약간

▶ 고기 양념
- 생강가루 10g
- 맛술 1/2큰술
- 소금 1/2큰술
- 후춧가루 1/2큰술

▶ 양념장
- 설탕 2큰술
- 식초 1큰술
- 간장 4큰술
- 물 4큰술

1. 오리고기는 고기 양념 재료를 넣어 버무리고, 양배추는 한입 크기로 썰어요.
2. 파프리카는 잘게 썬 뒤 양념장 재료를 섞어 양념장을 만들어요.
3. 팬에 오리고기를 넣고 센 불에서 고기 색이 변할 때까지 익힌 뒤 먹기 좋게 자르고, 양배추를 넣어 1분간 더 볶아요.
4. 양념장을 넣어 10분간 볶고, 채소가 다 익으면 불을 끄고 참기름을 뿌려 완성해요.

# 골동면

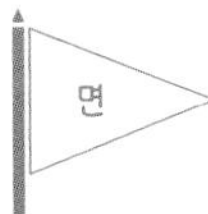


입맛 없을 때 딱 좋은 골동면 레시피를 들고 왔어요. 골동면의 '골동'은 여러 가지 재료가 섞인 것을 뜻한대요. 즉, 이것저것을 넣고 비벼 먹는 비빔국수라고 생각하시면 돼요. 집에 있는 채소와 상큼한 김치, 고기 등을 넣고 고소한 간장 양념으로 맛있게 비벼 보세요. 아이들도 무척 잘 먹어요. 남편은 국숫집을 차려야 하는데 제가 레시피를 다 공개해서 못 차린다고 농담을 하니, 그만큼 맛있는 거겠죠?

▶ 재료
- 메밀국수 400g
- 오이 1개
- 당근 1/2개
- 표고버섯 4개
- 쪽파 약간
- 열무김치 1줌
  생략 가능

▶ 양념
- 통들깨 적당량
- 간 참깨 적당량

▶ 양념장
- 다진 마늘 1큰술
- 설탕 4큰술
- 간장 6큰술
- 4배농축 쯔유 4큰술
- 맛술 2큰술
- 들기름 6큰술
- 참깨 2큰술

1. 양념장 재료는 잘 섞어요.
2. 오이는 채 썰고, 당근은 크기대로 납작하게 썰고, 쪽파는 송송 썰고, 열무김치는 씻어서 잘게 썰어요.
3. 당근, 버섯은 찜통에서 5~6분 찌거나 전자레인지에서 익힌 뒤 먹기 좋게 채 썰어요.
4. 끓는 물에 메밀국수를 넣고 삶아 건진 뒤 찬물에 여러 번 헹궈 물기를 빼요.
5. 그릇에 양념장을 적당량 담고, 메밀국수, 오이, 당근, 버섯, 쪽파, 열무김치를 올린 뒤 통들깨, 간 참깨를 뿌려 완성해요.

ⓘ 열무김치 대신 삶은 고기나 배, 달걀 등 취향에 따라 고명을 올려요.

크루아상
샌드위치

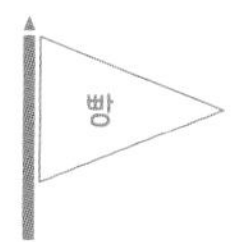


맛있는 크루아상을 반으로 갈라 따끈하게 볶은 부드러운 닭 안심을 넣었더니 전문점 못지않은 샌드위치가 되었어요. 저는 닭고기를 굴소스에 볶아서 간이 딱 맞는 덕분에 소스를 따로 추가하지 않았어요. 여러분은 취향에 따라 케첩이나 머스터드, 마요네즈, 치즈 등을 추가해 드세요.

▶ 재료
- 크루아상 7개
- 닭 안심 500g
- 양상춧잎 10장
- 양파 1개
- 대파 1개

▶ 양념
- 올리브유 3큰술
- 다진 마늘 1큰술
- 설탕 2큰술
- 간장 2큰술
- 굴소스 2큰술

▶ 닭고기 양념
- 소금 1/2큰술
- 후춧가루 1/2큰술

1 양상추는 물기를 빼고, 양파는 채 썰고, 대파는 송송 썰고, 크루아상은 속 재료를 넣을 수 있게 옆면을 따라 세로로 칼집을 내요.

2 닭고기는 힘줄을 제거해 결대로 손으로 찢고, 닭고기 양념 재료를 넣어 버무려요.

3 팬에 올리브유를 두르고 대파, 다진 마늘을 넣어 중불에서 1분간 볶아요.

4 닭고기, 양파를 넣고 7분간 볶다가 설탕, 간장, 굴소스를 넣고 양념이 없어질 때까지 5분간 볶아 한 김 식혀요.

5 크루아상에 양상추를 끼워 넣고 볶은 닭고기를 얹어 완성해요.

간장삼겹
비빔국수

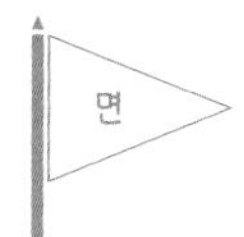


삼겹살은 구워 먹어도 맛있고 어떤 요리를 해도 맛있는 부위예요. 오늘은 특별하게 삼겹살에 구황작물 삼총사를 넣고 졸여서 국수에 비벼 먹었어요. 달큼한 간장 양념에 푹 조려진 감자가 으깨지면서 면에 착 달라붙어 얼마나 맛있는지 몰라요. 삼겹살과 무, 당근도 양념을 듬뿍 머금어 마치 갈비찜을 먹는 것 같아요. 힘내고 싶을 때 간단히 만들기 좋으니 국수에도, 밥에도 곁들여 드세요.

▶ 재료

- 소면 400g
- 삼겹살 580g
- 무 1/4개
- 감자 3개
- 당근 1개
- 물 700ml

▶ 양념장

- 설탕 2큰술
- 간장 4+2/3큰술
- 맛술 4+2/3큰술

1 양념장 재료는 잘 섞고, 무, 감자, 당근은 너무 두껍지 않게 한입 크기로 썰어요.

2 팬에 삼겹살을 넣고 중불에서 노릇하게 구워 한입 크기로 썰어요.

3 감자, 당근, 양념장, 물을 넣고 뚜껑을 덮어 30분간 끓여요.

4 무를 넣고 무가 아래로 가도록 가볍게 섞은 뒤 다시 뚜껑을 덮어 10~15분간 끓여요.

5 끓는 물에 소면을 넣고 삶아 건진 뒤 찬물에 여러 번 헹궈 물기를 빼요.

6 그릇에 소면을 담고 조린 재료를 듬뿍 올려 완성해요.

버터
장조림밥

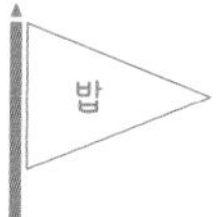


삼 형제와 한강 수영장에 가기로 약속한 날, 물놀이하기 전에 든든하게 먹이고 싶은 마음에 버터장조림밥을 만들었어요. 달콤 짭조름한 소고기 장조림에 고소한 버터, 포슬포슬한 스크램블드에그까지 재료의 조화가 너무 좋아요. 꾹 눌러담은 밥 한 그릇에 고기와 국물까지 가득 떠서 줬는데도 셋 다 마시듯이 싹싹 해치웠어요. 우리 아이들, 버터장조림밥 때문에 몸이 무거워서 물에 빠지면 어쩌죠?

▶ 재료
- 밥 5공기
- 소고기 600g
  양지머리
- 대파 3대
- 달걀 6개

▶ 양념
- 소금 약간
- 후춧가루 약간
- 올리브유 2큰술

▶ 장조림 양념
- 설탕 6큰술
- 맛술 2큰술
- 간장 160ml

▶ 밥 양념
- 버터 약간
- 참기름 약간
- 참깨 약간

**1** 냄비에 2/3가량 물을 채워 끓인 뒤 소고기를 넣고 10분간 익혀 건지고, 한 김 식혀 결대로 썰거나 손으로 찢어요.

**2** 대파는 가늘게 채 썰고, 달걀은 소금, 후춧가루를 넣고 잘 풀어요.

**3** 냄비에 고기 삶은 물 1L, 소고기, 대파, 장조림 양념을 넣고 중약불에서 20~30분간 졸여 장조림을 만들어요.

**4** 팬에 올리브유를 두르고 달걀물을 부어 스크램블드에그를 만들어요.

**5** 그릇에 밥을 담고 장조림 국물을 살짝 부은 뒤 장조림, 스크램블드에그를 얹고 밥 양념을 모두 올려 완성해요.

ⓘ 소고기를 삶을 때 덩어리가 너무 크면 익히는 데 오래 걸리니 결 방향대로 적당하게 썰어서 삶아요.

# 토르티야 피자

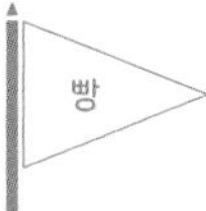


결혼식에 따라 간 첫째 결이가 피자를 맛보더니 "여기 피자가 맛있네!"라며 칭찬을 늘어놓더라고요. 5살 평생 피자를 두세 번밖에 안 먹어 봤는데 말이죠. 그래서 오늘은 엄마표 피자를 해 줬어요. 토르티야에 양파와 가지, 토마토, 옥수수 등 몸에 좋은 재료가 가득 들어갔으니 그만큼 건강하겠죠? 결이도 다 먹더니 맛있다고 해 주는데 왜 거짓말 같죠?

▶ 재료

- 토르티야 5장
- 다진 소고기 500g
- 방울 토마토 500g
- 가지 2개
- 양파 1개
- 옥수수 2개
  혹은 옥수수통조림 적당량
- 블랙올리브 슬라이스 약간
- 피자치즈 250g
  피자 하나당 50g

▶ 양념

- 올리브유 2큰술
- 소금 1/2큰술
- 후춧가루 1/2큰술
- 참치액 1큰술
- 설탕 2큰술
- 케첩 2큰술

1 소고기는 키친타월로 감싸 핏물을 제거하고, 토마토는 2등분하고, 가지는 얇게 썰고, 양파는 굵게 다지고, 옥수수는 칼로 알을 분리해요.

2 팬에 올리브유를 두르고 소고기, 소금, 후춧가루를 넣고 고기 색이 변할 때까지 중불에서 볶다가 토마토를 넣고 껍질이 벗겨질 때까지 볶아요.

3 참치액, 설탕, 케첩을 넣고 5분간 뭉근하게 끓여 소스를 만들어요.

4 토르티야에 소스를 펴 바르고 양파-옥수수-가지-피자치즈-올리브 순으로 올려요.

5 에어프라이어 200℃에서 7~10분 굽거나 혹은 전자레인지에서 2~3분간 가열해 완성해요.

# 차우멘

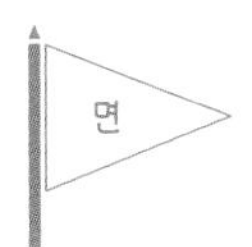


오늘은 남편이 좋아하는 차우멘을 만들어 봤어요. 차우멘은 마늘로 기름을 낸 후 에그파스타 면과 갖은 채소를 굴소스로 볶아내는 미국식 중화요리예요. 저는 새우만 넣어 만들었는데 돼지고기나 소고기를 기호대로 추가해도 좋아요.

▶ 재료

- 에그파스타 250g
- 숙주 350g
- 새우살 300~500g
- 피망 2개
- 쪽파 7줄기
- 마늘 10개
- 달걀 4개

▶ 양념

- 올리브유 5큰술
- 간장 2큰술
- 굴소스 2큰술
- 참치액 2큰술
- 후춧가루 약간

1 숙주, 새우는 씻어 물기를 제거하고, 피망, 쪽파는 한입 크기로 썰고, 마늘은 편으로 썰고, 달걀은 잘 풀어요.

2 끓는 물에 에그파스타를 넣고 2분 내로 삶아 건진 뒤 물기를 빼요.

3 팬에 올리브유 3큰술을 두르고 중불에서 마늘을 볶아 마늘 기름을 만들고, 새우, 피망을 넣어 볶아요.

4 새우 색이 변하면 파스타, 숙주, 쪽파를 넣고 볶다가 간장, 굴소스를 넣고 1분간 볶아요.

5 볶은 재료를 팬 한쪽으로 밀어 두고 남은 팬에 올리브유 2큰술을 두른 뒤 달걀물, 참치액을 넣고 휘저어 스크램블드에그를 만들어요.

6 파스타, 스크램블드에그를 잘 섞고 후춧가루를 뿌려 완성해요.

# 단호박수프

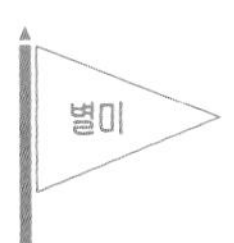


주말 아침에는 한식 대신 양식을 자주 만들곤 해요. 오늘은 부드러운 단호박수프를 만들었어요. 버터에 단호박과 양파를 충분히 볶았더니 단맛과 풍미가 확 살아서 맛있었어요. 원하는 농도에 따라 우유 양을 가감하고, 부족한 간은 소금으로 맞춰요.

▶ 재료
- 단호박 1개
- 양파 3~4개
- 슬라이스치즈 3장
- 물 300ml
- 우유 300ml

▶ 양념
- 버터 80g
- 소금 1/2큰술+약간
- 후춧가루 1큰술+약간

1 단호박은 통째로 전자레인지에서 5분간 가열해 씨를 제거한 뒤 얇게 썰고, 양파는 잘게 썰어요.

2 팬에 버터를 녹이고 양파, 소금 1/2큰술, 후춧가루 1/2큰술을 넣은 뒤 센불에서 5분간 볶아요.

3 단호박을 넣고 5분간 볶다가 물을 넣고 뚜껑을 덮어 중불에서 5분간 익혀요.

4 우유, 소금 약간, 후춧가루 약간을 넣고 농도를 맞춘 뒤 호박이 익을 때까지 끓여요.

5 국자나 매셔로 호박을 성글게 으깨고, 치즈, 후춧가루 1/2큰술을 넣고 잘 섞어 완성해요.

- 호박 껍질은 두껍거나 마른 부분만 제거한 다음 그대로 사용해도 괜찮아요.
- ④번 과정에서 원하는 농도에 따라 우유의 양을 가감해요.
- 오이토스트를 곁들이면 잘 어울려요.

치즈계란빵

빵

장마가 시작할 즈음, 문득 계란빵이 먹고 싶어서 만든 치즈계란빵이에요. 대부분 모닝빵으로 많이 만들지만 저는 딱딱한 미니 바게트 빵으로 만들었어요. 대파를 넣었더니 대파 향이 솔솔 나며 치즈의 느끼함이 사라져 무척 담백해요. 새콤달콤한 케첩을 뿌려 먹으면 정말 맛있답니다. 입맛 도는 음식을 먹고 우리 모두 힘내 봐요!

▶ 재료
- 브리첸(미니 바게트) 9개
  혹은 모닝빵, 하드롤빵
- 대파 1대
- 달걀 9개
- 슬라이스치즈 2~3장
- 피자치즈 90~100g
- 블랙올리브 슬라이스 약간

▶ 양념
- 설탕 약간
- 소금 약간
- 후춧가루 약간

1 대파는 잘게 다지고, 슬라이스치즈는 4등분 해요.

2 빵 윗면을 동그랗게 칼로 도려내 속을 판 뒤 재료가 담길 공간을 만들어요.

3 빵 속에 슬라이스치즈를 넣고 설탕 한 꼬집을 뿌린 뒤 달걀 1개를 깨 넣어요.

4 소금, 후춧가루를 뿌리고 대파, 피자치즈 10g, 올리브를 얹어요.

5 나머지 빵도 같은 방법으로 작업해요.

6 에어프라이어 180℃에서 6분씩 2번 구워 완성해요.

샐러드
파스타

면

어제는 친구 결혼식이 있어서 온 가족이 함께 다녀왔더니 푹 자고 일어나도 피곤이 안 풀리네요. 주말이기도 하니까 간단히 샐러드파스타를 만들었어요. 대패삼겹살은 듬뿍, 토마토와 오이, 채소는 가득, 스파게티도 한 움큼 넣고 짭짤한 간장소스를 넣어 버무려 주세요. 각자 다른 맛과 식감을 가진 재료가 소스와 어우러져 진짜 맛있어요. 스파게티 대신 우동이나 쌀국수, 소면을 넣어도 잘 어울리니 원하는 재료를 몽땅 넣고 맛있게 비벼 드세요.

▶ 재료
- 스파게티 400g
- 대패삼겹살 600g
- 오이 1개
- 방울토마토 15개
- 새싹채소 300g
- 옥수수 2개
  생략 가능
- 물 250ml

▶ 소스
- 설탕 2큰술
- 간장 2큰술
- 맛술 2큰술
- 후춧가루 약간

1 오이는 채 썰고, 토마토는 2등분하고, 새싹채소는 물기를 빼고, 옥수수는 칼로 알을 분리해요.

2 소스 재료는 잘 섞어요.

3 팬에 삼겹살을 넣고 중불에서 볶다가 고기 색이 변하면 옥수수, 소스, 물을 넣고 6분간 졸이듯 볶아 한 김 식혀요.

4 끓는 물에 스파게티를 넣고 삶아 건진 뒤 찬물에 헹궈 물기를 빼요.

5 그릇에 스파게티, 볶은 고기, 오이, 토마토, 새싹채소를 올린 뒤 소스를 뿌려 완성해요.

여름카레

별미

여름 제철 채소인 토마토와 가지를 듬뿍 넣고 싱그러운 여름카레를 만들었어요. 여름카레인 만큼 최대한 깔끔한 맛을 내려고 감자는 빼고 조리했어요. 큼직큼직하게 썰어 넣은 채소를 카레와 함께 "와앙!" 하고 한 입에 먹으니 절로 건강해지는 것 같아요. 채소만 가득이라 허기질 것 같다면 고기를 추가해도 좋아요.

▶ 재료

- 고형카레 220g
- 가지 2개
- 애호박 1개
- 양파 2개
- 토마토 4개
- 파프리카 2개
- 물 1L

▶ 양념

- 올리브유 3큰술
- 소금 1/2큰술
- 후춧가루 1/2큰술
- 설탕 1큰술
- 계핏가루 1큰술

1 가지, 애호박, 양파, 토마토, 파프리카는 큼직하게 한입 크기로 썰어요.

2 팬에 올리브유를 두르고 양파를 넣어 센 불에서 1분간 볶아요.

3 가지, 애호박, 파프리카를 넣고 1분간 볶다가 토마토, 소금, 후춧가루를 넣고 1분간 더 볶아요.

4 물을 붓고 뚜껑을 덮어 중불에서 끓이고, 팔팔 끓으면 카레, 설탕, 계핏가루를 넣고 5분간 끓여 완성해요.

ⓘ 밥에 카레를 얹고 달걀프라이를 올려 먹으면 잘 어울려요. 카레에 옥수수를 넣어도 맛있어요.

ⓘ 카레는 'S&B 골든커리 순한맛'을 사용했어요.

분짜

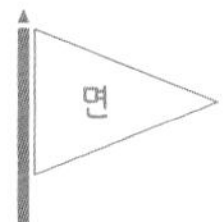


오늘은 분짜를 만들어 고수를 듬뿍 곁들여 먹었어요. 피시소스 대신 멸치액젓으로 느억맘소스를 만들고, 쌀국수 대신 쫄깃한 옥수수면을 사용했어요. 저와 남편은 향이 강한 식재료를 좋아해서 고수도 듬뿍 넣었답니다. 한번씩 쌀국수를 먹을 때 고수를 먹긴 했는데, 아이들도 저희랑 입맛이 비슷한지 고수를 잘 먹네요.

▶ 재료
- 옥수수면 400g
  혹은 쌀국수, 소면 등
- 항정살 450g
- 아삭이상추 200g
- 당근 1/3개
- 대파 1대
- 고수 적당량

▶ 양념
- 올리브유 2큰술
- 다진 마늘 1큰술

▶ 느억맘소스
- 다진 마늘 1/2큰술
- 매실액 4큰술
- 멸치액젓 2큰술
- 레몬즙 1큰술
- 물 4큰술

▶ 고기 양념
- 설탕 3큰술
- 식초 2큰술
- 간장 1큰술
- 멸치액젓 1큰술
- 굴소스 2큰술
- 물 6큰술

1 상추, 고수는 한입 크기로 썰고, 당근은 다지고, 대파는 송송 썰어요.

2 느억맘소스 재료를 잘 섞은 뒤 다진 당근을 섞어요.

3 팬에 올리브유를 두르고 다진 마늘을 넣어 센 불에서 30초간 볶다가 중불에서 대파를 넣고 1분, 고기를 넣고 고기 색이 변할 때까지 3분간 볶아요.

4 고기 양념 재료를 모두 넣고 물기가 없어질 때까지 20분간 볶아요.

5 끓는 물에 옥수수면을 삶아 건진 뒤 찬물에 헹궈 물기를 빼요.

6 그릇에 옥수수면, 볶은 고기, 상추를 담아 느억맘소스를 곁들이고, 어른용 식사에는 고수를 올려 완성해요.

ⓘ 매콤하게 먹고 싶다면 어른용 느억맘소스에 페페론치노를 다져 넣어요.

공룡알빵

빵

어제 빵집을 구경하다가 '사라다빵'을 봤는데 문득 광주 궁전제과의 공룡알빵이 떠올랐어요. 검색해 보니 달걀과 맛살, 오이와 피클이 들어가는데, 저는 집에 있는 재료로 대체해 달걀과 감자, 오이와 대파를 넣었어요. 바뀐 재료지만 재료의 조화가 좋으니 맛이 없을 수가 없겠죠? 안 그래도 여행을 가야 해서 냉장고를 비워야 했는데, 대파와 감자를 많이 쓸 수 있어 냉털 요리로도 안성맞춤이에요. 여러분도 냉장고 속 재료를 응용해 빵빵한 공룡알을 즐겨 보세요.

▶ 재료
- 하드롤빵 12개
- 달걀 7개
- 감자 450g
- 오이 2개
- 대파 1대

▶ 양념
- 마요네즈 130g
- 설탕 3큰술
- 소금 1큰술
- 후춧가루 1큰술

1 달걀은 완숙으로 삶아 껍질을 제거하고, 감자는 삶아요.

2 오이는 길게 반 갈라 속을 제거해 작게 썰고, 소금 1큰술을 뿌려 30분간 절인 뒤 물기를 제거해요.

3 대파는 다지고, 빵은 에어프라이어 200℃에서 4~5분간 구워 2등분한 뒤 속을 파 재료가 담길 공간을 만들어요.

4 볼에 달걀, 감자, 오이, 대파, 양념 재료를 모두 넣고 매셔로 감자와 달걀을 으깨어가며 잘 섞어요.

5 빵 속에 섞은 재료를 가득 채워 완성해요.

ⓘ 감자는 전자레인지로 간편하게 삶을 수 있어요. 전자레인지 용기에 물을 절반 정도 채워 감자 4~5개를 넣은 다음 뚜껑을 닫고 전자레인지에서 10~15분간 가열해요.

ⓘ 삶은 감자는 기호에 따라 껍질째 혹은 껍질을 벗겨서 사용해요.

# 참깨샐러드

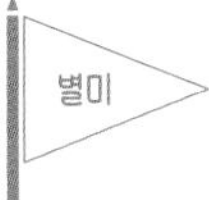


어머님이 오이를 10kg이나 보내주셨어요. 그리고 집에는 토마토가 한가득 있고요. 무더운 여름, 둘 다 빨리 먹어야겠죠? 그래서 소고기를 살짝 곁들여 토마토샐러드를 만들었어요. 샐러드 드레싱은 고소한 참깨소스! 참깨소스는 소고기는 물론 다른 채소와도 잘 어울리고 온 가족이 좋아하는 맛이에요. 달콤한 양념을 넣지 않아 단맛이 부족할까 싶었는데, 쯔유의 기본 감미과 토마토에서 단맛이 나와 충분히 맛있어요.

▶ 재료

- 소고기 400g
  불고기용 혹은 샤부샤부용
- 토마토 6개
- 오이 2개

▶ 참깨소스

- 간 참깨 8큰술
- 일반 쯔유 150ml
- 참기름 4큰술
- 마요네즈 6큰술

**1** 참깨소스 재료는 잘 섞어요.

**2** 오이는 가늘게 채 썰고, 토마토는 반달 모양으로 썰어요.

**3** 끓는 물에 소고기를 넣고 익을 때까지 데쳐 건진 뒤 물기를 빼요.

**4** 그릇에 소고기, 토마토, 오이를 담고 참깨소스를 넉넉히 뿌려 완성해요.

ⓘ 참깨소스를 만들 때 2배농축 쯔유는 레시피의 절반 분량만 넣고, 4배농축 쯔유는 양을 더 줄여요. 간을 보며 쯔유의 양을 가감하되, 살짝 짭조름해야 재료와 어우러져 간이 맞으니 너무 싱겁지 않게 만들어요.

# 명란 크림감자

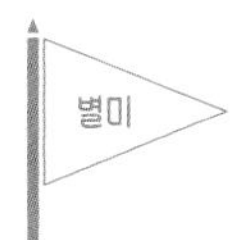


제가 좋아하는 재료인 감자가 제철이니까 구운 감자에 크림 소스와 같이 먹는 크림감자를 만들어 봤어요. 그런데 이제 명란을 곁들인…. 감자는 껍질째 구워 겉은 파삭하고 속은 부드럽게 익히고, 버섯과 브로콜리도 넣어서 영양까지 챙겼어요. 밥이 없어도 감자 덕분에 한 끼가 든든하답니다. 크림소스는 파스타와도 잘 어울리니 다양하게 활용하세요.

▶ 재료
- 명란젓 6개
- 감자 11개
- 브로콜리 2개
- 새송이버섯 2개
  생략 가능
- 슬라이스치즈 3장
- 우유 500ml

▶ 양념
- 소금 1/2큰술
- 후춧가루 1/2큰술
- 버터 50g
- 올리브유 2큰술
- 다진 마늘 1큰술

▶ 전분물
- 전분가루 3큰술
- 물 3큰술

1. 감자는 2등분해 소금, 후춧가루를 뿌리고, 에어프라이어 200℃에서 20분간 구워요.
2. 브로콜리는 한입 크기로 썰고, 버섯은 결대로 길게 찢고, 명란젓은 물로 헹궈 가위로 잘게 잘라요.
3. 팬에 버터, 올리브유, 다진 마늘을 넣고 중불에서 버터가 녹을 때까지 볶다가 브로콜리, 버섯을 넣고 5분간 볶아요.
4. 명란젓, 우유를 넣고 끓여 끓기 시작하면 치즈를 넣어 녹여요.
5. 전분물을 잘 섞어 빙 둘러 부은 뒤 원하는 소스 농도를 만들고, 브로콜리가 익을 때까지 중불에서 3분간 더 끓여요.
6. 그릇에 구운 감자를 담고 명란크림소스를 부어 완성해요.

# 시금치 파스타

면

시금치의 단맛, 토마토의 새콤달콤함, 두부의 든든함을 더해 만든 시금치파스타예요. 간장과 굴소스를 반씩 섞어 양념했더니 파스타와 채소에 양념이 잘 배어들어 먹을수록 맛있어요. 사실 제가 원한 건 포항초였는데, 남편이 일반 시금치를 사 와서 상상했던 맛과는 살짝 달랐지만, 그래도 시금치파스타는 맛있다는 것! 일반 시금치로도, 포항초로도 자주 만들어 드세요.

▶ 재료

- 스파게티 300g
- 시금치 600g
- 두부 600g
- 방울토마토 4개

▶ 양념

- 올리브유 2큰술
- 다진 마늘 1~2큰술
- 설탕 3큰술
- 간장 4큰술
- 굴소스 4큰술
- 후춧가루 약간
- 참기름 약간

1 시금치는 밑동을 제거해 한입 크기로 썰고, 방울토마토는 2등분해요.

2 끓는 물에 스파게티를 넣고 4분간 삶아 건진 뒤 물기를 빼요.

3 팬에 두부를 넣고 중불에서 으깨어가며 수분을 제거한 뒤 한쪽으로 밀어 둬요.

4 남은 팬에 올리브유 2큰술을 두르고 센 불에서 다진 마늘을 30초간 볶아요.

5 중불로 줄여 설탕을 넣고 1분, 간장을 넣고 1분, 굴소스를 넣고 1분간 볶다가 두부와 함께 섞어요.

6 시금치를 넣고 숨이 죽을 때까지 볶다가 스파게티, 후춧가루를 넣고 약불에서 2분간 볶은 뒤 참기름, 토마토를 올려 완성해요.

ⓘ 시금치와 두부를 함께 먹으면 결석이 생긴다는 말이 있는데, 시금치를 데치고 볶는 과정에서 옥살산 성분이 불에 녹는다고 해요. 걱정하지 않아도 된답니다.

# 두부반미

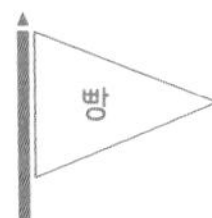


지난 번 공룡알빵을 해먹고 하드롤이 남아서 베트남식 샌드위치 반미를 만들었어요. 돼지고기나 소고기, 새우 등 좋아하는 재료를 넣고 만들면 되는데, 저는 가볍게 먹고 싶어서 두부를 넣었어요. 느억맘소스나 고수 등 정석 재료는 없지만, 새콤달콤하게 절인 당근과 무, 으깨서 간간하게 볶은 두부를 넣었더니 어디 하나 모자란 곳 없이 꽉 찬 맛이 나요. 아이들이 정말 좋아하는 메뉴이니 집에 있는 재료를 활용해 보세요.

▶ 재료
- 하드롤빵 6개
- 두부 500g
- 오이 1개
- 당근 1개
- 무 120g
- 대파 2대
- 달걀 6개

▶ 양념
- 올리브유 4큰술
- 소금 약간
- 후춧가루 약간
- 설탕 2큰술
- 참치액 2큰술

▶ 절임 양념
- 설탕 2큰술
- 식초 3큰술

1. 당근, 무는 가늘게 채 썰어 섞은 뒤 절임 양념을 넣어 버무리고, 15분간 절여 물기를 꼭 짜요.
2. 오이는 타원형으로 얇게 썰고, 대파는 송송 썰고, 두부는 체에 밭쳐 꾹꾹 눌러 으깨어가며 물기를 제거해요.
3. 빵은 에어프라이어 200℃에서 4~5분간 구운 뒤 재료를 넣을 수 있도록 옆면을 따라 세로로 칼집을 내요.
4. 팬에 올리브유 2큰술을 두르고 소금, 후춧가루를 뿌려 달걀프라이를 만들어 덜어 놔요.
5. 같은 팬에 올리브유 2큰술을 두르고 중불에서 대파를 넣고 1분간 볶다가 두부를 넣어 1분간 볶아 한쪽으로 밀어 둬요.
6. 남은 팬에 설탕, 참치액을 넣고 볶다가 두부와 잘 섞으며 1분간 볶은 뒤 한 김 식혀요.
7. 빵에 두부를 펴 바르고 달걀프라이, 절인 당근과 무, 오이를 끼워 넣어 완성해요.

# 나시고렝

밥

나시고렝 스타일로 볶음밥을 만들었어요. 다진 마늘과 대파로 기름을 내고, 굴소스와 간장, 설탕 등 단짠 양념으로 재료를 볶아 밥알 하나하나 맛이 살아 있어요. 탱글탱글한 새우와 아삭아삭한 숙주도 씹는 맛이 무척 좋답니다. 아, 스크램블드에그는 볶음밥을 부드럽게 해 주고 포만감을 주니 빠뜨리지 마세요. 나시고렝 한 그릇이면 다채로운 맛을 경험할 수 있을 거예요.

재료

- 밥 3~4공기
- 새우살 400g
- 숙주 240g
- 대파 1대
- 쪽파 2줄기
- 달걀 3개

양념

- 올리브유 4큰술
- 다진 마늘 1큰술
- 설탕 1큰술
- 맛술 1큰술
- 간장 2큰술
- 굴소스 2큰술
- 후춧가루 약간

1. 새우, 숙주는 물기를 제거하고, 대파, 쪽파는 송송 썰고, 달걀은 잘 풀어요.
2. 팬에 올리브유 2큰술을 두르고 중불에서 대파를 볶다가 다진 마늘을 넣어 1분, 새우를 넣어 1분간 볶아요.
3. 설탕, 맛술, 간장, 굴소스를 넣어 새우가 익을 때까지 볶다가 밥을 넣어 2분간 볶고, 숙주를 넣어 1분간 볶아요.
4. 볶음밥을 한쪽으로 밀어 두고 남은 팬에 올리브유 2큰술을 두른 뒤 달걀물을 부어 스크램블드에그를 만들어요.
5. 볶음밥, 스크램블드에그를 잘 섞으며 볶다가 후춧가루를 뿌려 완성해요.

들깨막국수

면

여행을 가서 먹은 '남경막국수'의 들깨막국수가 너무 맛있어서 비슷하게 만들어 봤어요. 이렇게 맛있는 곳이 있다는 것에 놀라고, 저희 집 근처에도 분점이 있다는 것에 또 한 번 놀랄 만큼 인상적인 맛이었어요. 면은 쫄깃해야 맛있으니 포장지에 쫄깃한 면발이라고 적힌 제품을 사용하세요. 저는 칠갑농산 생메밀면을 썼는데, 오뚜기나 노브랜드 제품도 쫄깃한 편이에요. 식당과 맛이 거의 비슷하다고 자부하니 들깻가루 듬뿍 넣어 꼭 만들어 보셨으면 좋겠어요.

▶ 재료
- 생메밀면 400g

▶ 양념
- 설탕 5큰술
- 간장 5큰술
- 맛술 2큰술
- 들깻가루 적당량
  기호에 따라 조절

▶ 멸치 육수
- 국물용 멸치 20마리
- 다시마 1장
  손바닥 크기
- 양파 1개
- 물 1.5L

1 냄비에 멸치 육수 재료를 넣고 중불에서 20~30분간 끓인 뒤 건더기를 제거해요.

2 멸치 육수 1L에 설탕, 간장, 맛술, 설탕을 넣고 한소끔 끓인 뒤 불을 끄고 한 김 식혀요.

3 끓는 물에 메밀면을 삶아 건진 뒤 찬물에 여러 번 헹궈 물기를 빼요.

4 그릇에 멸치 육수를 130ml 정도 담고 면을 올린 뒤 기호에 맞게 들깻가루를 넉넉히 올려 완성해요.

ⓘ 생메밀면을 삶을 때는 끓는 물에 면을 조금씩 넣어가며 3분간 익힌 다음 전분기가 사라질 때까지 헹궈 사용해요.

ⓘ 촉촉하게 비벼 먹는 국수니 육수는 처음에 조금만 넣고 취향에 따라 추가해요.

새우젓애호박
비빔국수

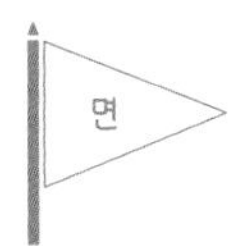


새우젓과 애호박은 궁합이 참 좋아요. 반찬으로도 많이 활용하는데 오늘은 국수로 만들어 봤어요. 새우젓으로 짭조름하게 간한 애호박에 들깻가루와 들기름으로 고소함을 살리고, 양파도 함께 볶아 달콤함을 추가했어요. 비타민이 풍부한 애호박은 원하는 만큼 듬뿍 넣어 맛있게 드세요.

▶ 재료

- 소면 400g
- 애호박 2개
- 양파 2개
- 김자반 적당량

▶ 양념

- 올리브유 2큰술
- 설탕 1큰술
- 새우젓 2큰술
- 들기름 1~2큰술
- 후춧가루 1/2큰술
- 들깻가루 1~2큰술

1 애호박은 얇게 반달 모양으로 썰고, 양파는 가늘게 채 썰어요.

2 팬에 올리브유를 두르고 설탕을 넣어 센 불에서 1분간 볶다가 새우젓을 넣고 1분간 볶아요.

3 애호박, 양파, 후춧가루를 넣고 중불에서 채소의 수분이 없어질 때까지 10분간 볶은 뒤 불을 끄고 들기름을 섞어요.

4 끓는 물에 소면을 삶아 건진 뒤 찬물에 여러 번 헹궈 물기를 빼요.

5 그릇에 소면을 담고 볶은 채소를 올린 뒤 들기름, 들깻가루, 김자반을 올려 완성해요.

ⓘ 새우젓은 기호에 따라 다져서 사용해도 돼요. 새우젓을 기름에 볶아 사용하면 짠맛은 줄고 더 고소해져요.

# Index

KI신서 13131
수연이네 삼 형제 완밥 레시피

**1판 1쇄 발행** 2024년 12월 27일
**1판 4쇄 발행** 2025년 1월 15일

**지은이** 유수연
**펴낸이** 김영곤
**펴낸곳** ㈜북이십일 21세기북스

**인생명강팀장** 윤서진 **인생명강팀** 박강민 유현기 황보주향 심세미 이수진
**출판마케팅팀** 남정한 나은경 최명열 한경화 권채영
**영업팀** 변유경 한충희 장철용 김영남 강경남 황성진 김도연
**제작팀** 이영민 권경민

**출판등록** 2000년 5월 6일 제1406-2003-061호
**주소** (10881) 경기도 파주시 회동길 201 (문발동)
**대표전화** 031031-955-2100 **팩스** 031-955-2151 **이메일** book21@book21.co.kr


ISBN 979-11-7117-909-1 13590